CONTENTS

プリント基板設計＆ノイズ 対策記事全集
[2000頁収録CD-ROM付き]

アーカイブス シリーズ
Archives Series

JN187395

- ■ 付属CD-ROMの使い方
- ■ CD-ROM収録記事一覧 ……………………………………………………… 4
- ■ 基礎知識
  - 第1章 パターンを引くだけでは済まない！幅広い知識と高い技術が求められる
    これからのプリント基板設計　金子俊之 ……………………… 16
  - 第2章 電磁ノイズがなくなる!? スイッチング電源回路における適用事例
    新理論でノイズ対策部品を試作・評価する　遠矢弘和 ……… 24

- ■ 記事ダイジェスト
  - 第3章 実際の製品の中をのぞいてノウハウを知る
    量産ボード事例 ……………………………………………… 34
  - 第4章 設計ツールの使い方と配線テクニック
    プリント基板設計技術 ……………………………………… 44
  - 第5章 アートワーク，シミュレーション，トラブル対策
    プリント基板設計事例 ……………………………………… 58
  - 第6章 プリント基板設計ツールやシミュレーション・ソフトウェアなど
    設計ツール …………………………………………………… 64
  - 第7章 はんだ付けのテクニックから放熱設計まで
    実装技術 ……………………………………………………… 70
  - 第8章 プリント基板に実装される半導体パッケージやコネクタを知る
    電子部品 ……………………………………………………… 75
  - 第9章 シグナル・インテグリティ/パワー・インテグリティ/EMCの基本と対策部品の使い方
    ノイズ対策技術 ……………………………………………… 80
  - 第10章 低ノイズ回路設計からEMC対策まで
    ノイズ対策事例 ……………………………………………… 92

基礎知識　記事ダイジェスト　記事一覧

付属CD-ROMの使い方

　本書には，記事PDFを収録したCD-ROMを付属しています．

●ご利用方法

　本CD-ROMは，自動起動しません．WindowsのExplorerでCD-ROMドライブを開いてください．

　CD-ROMに収録されているindex.htmファイルを，Webブラウザで表示してください．記事一覧のメニュー画面が表示されます（**図1**）．

　記事タイトルをクリックすると，記事が表示されます．Webブラウザ内で記事が表示された場合，メニューに戻るときにはWebブラウザの戻るボタンをクリックしてください．

　各記事のPDFファイルは，pcb_pdfフォルダに収録されています．所望のPDFファイルをPDF閲覧ソフトウェアで直接開くこともできます．

　本CD-ROMに収録されているPDFの全文検索ができます．検索するには，CD-ROM内のpcb_search.pdxをダブルクリックします．Adobe Readerが起動し，検索ウインドウが開くので，検索したい用語を入力します．結果の一覧から表示したい記事を選択します（**図2**）．

図1　記事PDFの表示方法

図2　記事の検索方法

●利用に当たってのご注意
（1）CD-ROMに収録のPDFファイルを利用するためには，PDF閲覧用のソフトウェアが必要です．PDF閲覧用のソフトウェアは，Adobe社のAdobe Reader最新版のご利用を推奨します．Adobe Readerの最新版は，Adobe社のWebサイトからダウンロードできます．
　Adobe社のWebサイト　http://www.adobe.com/jp/
（2）ご利用のパソコンやWebブラウザの環境（バージョンや設定など）によっては，メニュー画面の表示が崩れたり，期待通りに動作しない可能性があります．その際は，PDFファイルをPDF閲覧ソフトウェアで直接開いてください．各記事のPDFファイルは，CD-ROMのpcb_pdfフォルダに収録されています．なお，メニュー画面は，Windows 7のInternet Explorer 11，Firefox 35，Chrome 40，Opera 27による動作を確認しています．
（3）メニュー画面の中には，一部Webサイトへのリンクが含まれています．Webサイトをアクセスする際には，インターネット接続環境が必要になります．インターネット接続環境がなくても記事PDFファイルの表示は可能です．
（4）記事PDFの内容は，雑誌掲載時のままで，本書の発行に合わせた修正は行っていません．このため記事の中には最新動向とは異なる説明が含まれる場合があります．また，社名や連絡先が変わっている場合があります．
（5）著作権者の許可が得られないなどの理由で，記事の一部を削除していることがあります．この場合，一部のページのみ用紙サイズが異なっていたり，ページの一部または全体が白紙で表示されたりすることがあります．
●PDFファイルの表示・印刷に関するご注意
（1）ご利用のシステムにインストールされているフォントの種類によって，文字の表示イメージは雑誌掲載時と異なります．また，一部の文字（人名用漢字，中国文字など）は正しく表示されない場合があります．
（2）雑誌では回路図などの図面に特殊なフォントを使用していますので，一部の文字（例えば欧文のIなど）のサイズがほかとそろわない場合があります．
（3）雑誌ではプログラム・リストやCAD出力の回路図などの一部をスキャナによる画像取り込みで掲載している場合があります．また，印刷とPDFでは，解像度が異なります．このため，画像等の表示・印刷は細部が見にくくなる部分があります．
（4）PDF化に際して，発行時点で確認された誤植や印刷ミスを修正してあります．そのため，行数の増減などにより，印刷紙面と本文・図表などの位置が変更されている部分があります．
（5）Webブラウザなど，ほかのアプリケーションの中で表示するような場合，Adobe Reader以外のPDF閲覧ソフトウェア（表示機能）が動作している場合があります．Adobe Reader以外のPDF閲覧ソフトウェアでは正しく表示されないことが考えられます．Webブラウザ内で正しく表示されない場合は，Adobe Readerで直接表示してみてください．
（6）古いバージョンのPDF閲覧ソフトウェアでは正しく表示されないことが考えられます．Windows 7のAdobe Reader 11による表示を確認しています．
●本書付属CD-ROMについてのご注意
　本書付属のCD-ROMに収録されたプログラムやデータなどは，著作権法により保護されています．従って，特別な表記のない限り，付属CD-ROMを貸与または改変，個人で使用する場合を除き，複写・複製（コピー）はできません．また，付属CD-ROMに収録したプログラムやデータなどを利用することにより発生した損害などに関して，CQ出版社および著作権者は責任を負いかねますのでご了承ください．

CD-ROM収録記事一覧

　本書付属CD-ROMには，トランジスタ技術，Design Wave Magazine 2001年1月号から2010年12月号までに掲載された記事のPDFファイルが収録されています．ただし，著作権者の許可を得られなかった記事や，プリント基板設計やノイズ対策に関する話題が含まれていても説明がほとんどない記事，今後の企画で収録予定の記事などは収録されていません．

　本書付属CD-ROMに収録の記事は以下の通りです．収録記事の大部分については，第3章以降で，テーマごとに分類して概要を紹介しています．

■Design Wave Magazine

掲載号	タイトル	シリーズ	ページ数	PDFファイル名
2001年 1月号	反射の原理とその対策	連載 基礎から学ぶ『EMI&シグナル・インテグリティ』（第4回）	7	dw2001_01_142.pdf
2月号	分布定数世界と集中定数世界のトレードオフ 高速ディジタル時代に対応する回路設計手法	特集 21世紀ハード設計者のトレードオフ問題（第1章）	21	dw2001_02_020.pdf
2月号	負荷，グラウンド・バウンス，クロストークの原理とその対策	連載 基礎から学ぶ『EMI&シグナル・インテグリティ』（第5回）	16	dw2001_02_142.pdf
4月号	電磁放射ノイズの原理とその対策	連載 基礎から学ぶ『EMI&シグナル・インテグリティ』（第6回）	11	dw2001_04_148.pdf
5月号	伝送線路シミュレータの導入に失敗しないためのポイント（前編）	連載 基礎から学ぶ『EMI&シグナル・インテグリティ』（第7回）	10	dw2001_05_156.pdf
6月号	ルール・ドリブン手法で回路設計者が基板品質をコントロール 回路設計者に必要な「プリント基板設計の基礎知識」	特集 PCBとLSIと回路をコデザイン！（第1章）	16	dw2001_06_028.pdf
6月号	プリント基板の知識だけ，あるいは回路の知識だけでは問題を解決できない 高速ディジタル・ボードのシグナル・インテグリティ対策とEMI対策	特集 PCBとLSIと回路をコデザイン！（第2章）	10	dw2001_06_044.pdf
6月号	ビルドアップ配線板を利用するときはノイズに注意 LSIの製法をボードに応用したビルドアップ配線板の動向	特集 PCBとLSIと回路をコデザイン！（第3章）	9	dw2001_06_054.pdf
6月号	遅延の割り付けを巡って衝突する二つの設計現場 LSIとボードのコデザインを考える	特集 PCBとLSIと回路をコデザイン！（第4章）	9	dw2001_06_063.pdf
6月号	集中系回路理論と分布系回路理論の限界 高速ディジタル・ボード&LSI設計の落とし穴	特集 PCBとLSIと回路をコデザイン！（第5章）	16	dw2001_06_072.pdf
7月号	伝送線路シミュレータの導入に失敗しないためのポイント（後編）	連載 基礎から学ぶ『EMI&シグナル・インテグリティ』（第8回）	8	dw2001_07_128.pdf
10月号	失敗しやすいのはココ！ プロのプリント基板アートワーク設計テクニック		8	dw2001_10_072.pdf
10月号	プリント配線板技術の選択基準 "基板材質"の違いのわかる機器設計者になろう		11	dw2001_10_087.pdf
12月号	SCSI-I/SCSI-III変換インターフェース・ボードの開発から学ぶ実践的プリント基板設計		6	dw2001_12_119.pdf
12月号	テラビット・ルータのトラブル・シューティング事例 EMC問題のケース・スタディ	連載 電磁界解析ソフトで何がわかるか（第15回）	10	dw2001_12_126.pdf
2002年 1月号	Altium社のプリント基板設計ツール「Protel 99 SE」 CPUボードの回路設計と基板設計を体験する	特集 無償ツールでハード&ソフト開発の全工程を体験（第1章）	18	dw2002_01_028.pdf
1月号	Sonnet社の電磁界解析ソフトウェア「Sonnet Lite」 シリコン基板上のコイルとアンテナの電磁界を解析する	特集 無償ツールでハード&ソフト開発の全工程を体験（第2章）	9	dw2002_01_046.pdf
3月号	電磁気学の基本に立ち戻って高速ディジタル回路を設計する GHzディジタル回路の電源デカップリングと信号配線の設計法		14	dw2002_03_115.pdf
4月号	回路の常識/非常識とボード設計の失敗事例 フレッシャーズのためのボード設計講座	特集1 設計技術者のリテラシ（第3章）	7	dw2002_04_059.pdf
5月号	PICマイコン・ボードのコスト試算，安全規格対応からノイズ対策まで	特集2 ボード製品開発の実際	15	dw2002_05_068.pdf

掲載号	タイトル	シリーズ	ページ数	PDFファイル名
6月号	ピン割り当ての変更に伴う影響をきちんと管理 **二つの設計フローをつなぐ「シンボル作成ツール」**		6	dw2002_06_064.pdf
10月号	システム・モジュール開発の手順と勘どころ **ビルドアップ基板を利用してテレビ電話向けMPEG-4モジュールを開発**	特集1 1チップ化するだけが能じゃない！（第5章）	7	dw2002_10_072.pdf
11月号	**高速回路における配線の取り扱い（前編）**	連載 高速ディジタル回路設計のためのアナログ回路シミュレーション入門（第2回）	7	dw2002_11_141.pdf
12月号	携帯機器のプリント配線板動向 **プリント配線板の最新技術をどう活用するか**	「ケータイ」の作りかたが進化した（第3章）	8	dw2002_12_096.pdf
	高速回路における配線の取り扱い（後編）	連載 高速ディジタル回路設計のためのアナログ回路シミュレーション入門（第3回）	8	dw2002_12_135.pdf
2003年 2月号	**電源分配系における同時スイッチング・ノイズの解析**	連載 高速ディジタル回路設計のためのアナログ回路シミュレーション入門（第4回）	7	dw2003_02_129.pdf
4月号	Mentor Graphics社のプリント基板設計ツール「Expedition PCB」 **プリント基板設計を体験する**	特集 無償ツールで組み込み＆半導体開発の全工程を体験（第4章）	10	dw2003_04_062.pdf
	配線をモデル化するためのパラメータ抽出法（前編）	連載 高速ディジタル回路設計のためのアナログ回路シミュレーション入門（第5回）	7	dw2003_04_140.pdf
6月号	製造工程を知らない技術者に最適設計は望めない **これがプリント基板の製造＆設計工程だ！**	特集1「ボード設計」で身を立てる！（第1章）	12	dw2003_06_020.pdf
	製造・設計品質を支える設計業務の「標準原器」 **プリント基板の設計ルール**	特集1「ボード設計」で身を立てる！（第3章）	11	dw2003_06_040.pdf
	回路設計者とプリント基板設計者の共同作業を成功させよう！ **統合型プリント基板CADツールの運用方法**	特集1「ボード設計」で身を立てる！（第4章）	16	dw2003_06_051.pdf
	電子機器に合わせて基板の設計思想も「軽・薄・短・小」と「環境調和」へ **プリント基板の構造と安全規格**	特集1「ボード設計」で身を立てる！（第5章）	10	dw2003_06_067.pdf
7月号	ノイズの原理，基板設計，デカップリング素子「原理・原則」をまず理解する **高周波信号におけるノイズの発生のメカニズムとその対策**	特集2 高速ディジタル・ボードのノイズ対策（第1章）	6	dw2003_07_078.pdf
	配線をモデル化するためのパラメータ抽出法（中編）	連載 高速ディジタル回路設計のためのアナログ回路シミュレーション入門（第6回）	6	dw2003_07_123.pdf
8月号	統計データから読み取るプリント配線板技術の変容 **ビルドアップ基板の生産額が多層板全体の27.2％に**		9	dw2003_08_110.pdf
10月号	**配線をモデル化するためのパラメータ抽出法（後編）**	連載 高速ディジタル回路設計のためのアナログ回路シミュレーション入門（第7回）	7	dw2003_10_142.pdf
	計測器による伝送線路の評価	連載 高速ディジタル回路計測入門（第3回）	8	dw2003_10_156.pdf
2004年 1月号	BGA/CSP実装で起こる疑問を解消する **回路設計者のためのプリント基板Q&A**	特集1 BGA/CSPパッケージ時代のボード設計術（第2章）	8	dw2004_01_035.pdf
	1,508ピン・フルグリッドBGAから全ピン引き出しを効率的に実現 **非貫通ビア基板の活用技術**	特集1 BGA/CSPパッケージ時代のボード設計術（第3章）	8	dw2004_01_043.pdf
	PC Cardの中に大規模FPGAを入れる **多ピンBGAの省スペース実装事例**	特集1 BGA/CSPパッケージ時代のボード設計術（第4章）	4	dw2004_01_051.pdf
3月号	Gbpsシステム設計の考えかた **FR4基板による3.125Gbps通信システムの設計事例**	特集1 高速システムのインターコネクト設計基礎知識（第4章）	9	dw2004_03_059.pdf
	SPICEを使ったパワー・インテグリティの解析（前編）	連載 高速ディジタル回路設計のためのアナログ回路シミュレーション入門（第8回）	9	dw2004_03_140.pdf
4月号	基板の知識を持って回路を設計すれば，プロジェクトは大成功 **マルチエンジニアになろう**	特集2 基板や実装のわかる回路設計者になろう！（第1章）	12	dw2004_04_108.pdf
	パッケージの構造と製造方法 **システム設計者やPCB技術者のための半導体パッケージ技術入門（前編）**		14	dw2004_04_128.pdf
6月号	自分のしごとに合った分業方法とCAD環境を選択する **プリント基板設計を始めるにあたっての検討事項**	特集1 ボード設計の勘どころとトラブル対策（第1章）	4	dw2004_06_036.pdf
	回路図入力，レイアウト設計から基板の発注・受け入れまで **ディジタル・パワー・アンプ基板の設計・製作事例**	特集1 ボード設計の勘どころとトラブル対策（第2章）	25	dw2004_06_040.pdf
	ボード設計トラブル・シューティング25連発！	特集1 ボード設計の勘どころとトラブル対策（第3章）	36	dw2004_06_065.pdf

プリント基板設計＆ノイズ対策記事全集

掲載号	タイトル	シリーズ	ページ数	PDFファイル名
6月号	パッケージの適用例と設計手順 **システム設計者やPCB技術者のための半導体パッケージ技術入門（中編）**		13	dw2004_06_114.pdf
7月号	**SPICEを使ったパワー・インテグリティの解析（後編）**	連載 高速ディジタル回路設計のためのアナログ回路シミュレーション入門（第9回）	9	dw2004_07_140.pdf
9月号	パッケージ選択・利用時の注意点とトラブル回避策 **システム設計者やPCB技術者のための半導体パッケージ技術入門（後編）**		10	dw2004_09_125.pdf
2005年 3月号	**ボード設計トラブル・シューティング16連発！**	特集2 ボード設計トラブル事例集	17	dw2005_03_098.pdf
4月号	2005年1月号付属FPGA基板をリバース・エンジニアリング **プリント基板開発を体験する**	特集1 無償ツールでデバイス＆システム設計の全工程を体験（第2章）	21	dw2005_04_039.pdf
	実装技術の3大変革と実装技術者	連載 実装わんだあらんど（第1回）	1	dw2005_04_145.pdf
6月号	新人技術者に必要な最低限の知識と業界動向 **ボード設計の世界へようこそ！**	特集1 ザ・新人研修！《ボード設計編》（第1章）	9	dw2005_06_020.pdf
	シミュレーション値と実測値が一致しない理由はかならずある **シミュレーションと現実世界の違いを理解する**	特集1 ザ・新人研修！《ボード設計編》（第3章）	6	dw2005_06_035.pdf
	実装技術，プリント基板技術の業界用語解説 **ボード設計の現場でぶつかる「ことば」を理解する**	特集1 ザ・新人研修！《ボード設計編》（第5章）	7	dw2005_06_050.pdf
2006年 5月号	フレッシャーズのための誌上工場見学 **これがプリント基板の組み立て工程だ！**	特集2「ボード設計」ほどすてきな商売はない！（第1章）	7	dw2006_05_092.pdf
	UNIXサーバのプリント基板設計を例に **もの作りの心構えとボード設計の実際**	特集2「ボード設計」ほどすてきな商売はない！（第2章）	10	dw2006_05_099.pdf
7月号	一度覚えたら一生役立つコモン・センス **FPC，コネクタ，ハーネスを使う際に知っておきたい鉄則8か条**	特集2 フレキ＆コネクタを知らずして，システム設計を語ることなかれ（第2章）	11	dw2006_07_092.pdf
	コネクタ＆FPCトラブル・シューティング11連発！	特集2 フレキ＆コネクタを知らずして，システム設計を語ることなかれ（第3章）	12	dw2006_07_103.pdf
8月号	LSI，パッケージ，ボードの協調設計に向けて **ノイズ対策とピン配置の最適化で，装置メーカと半導体メーカの協力が不可欠に**	特集2 デバイス，パッケージ，ボードの全体最適設計（第1章）	10	dw2006_08_076.pdf
	PI解析，SI解析，EMI解析を支える基盤技術の全体像 **シミュレーションの"違い"がわかる設計技術者になろう**	特集2 デバイス，パッケージ，ボードの全体最適設計（第2章）	10	dw2006_08_086.pdf
	ASICとDRAMの間を最大16Gバイト/sでデータ転送可能に **システムLSIの課題を先端実装技術との融合で乗り越える**	特集2 デバイス，パッケージ，ボードの全体最適設計（第3章）	6	dw2006_08_096.pdf
9月号	FPGAの熱の半分以上はボードから逃がすことができる **プリント基板による熱対策技術**	特集1 FPGAの消費電力＆熱対策，待ったなし！（第3章）	10	dw2006_09_050.pdf
	FPGAの熱を見積もり，ヒートシンクとファンで逃がす **高速シリアル通信ボードの熱対策事例**	特集1 FPGAの消費電力＆熱対策，待ったなし！（第4章）	7	dw2006_09_060.pdf
	I/O規格を理解し，設計ツールを有効に活用しよう **高速メモリ搭載ボードを効率良く開発するための手引き**	特集2 DDR2メモリを利用したシステム設計とトラブル対策（第2章）	10	dw2006_09_080.pdf
	DDR2特有の高い周波数，差動伝送，パッケージ形状などが測定に与える影響 **DDR2 SDRAM搭載ボードの実機検証トラブル・シューティング**	特集2 DDR2メモリを利用したシステム設計とトラブル対策（第3章）	11	dw2006_09_090.pdf
	筐体内の電磁界とEMC問題（その1）	連載 もう一度学ぶ電磁気学の世界（第22回）	8	dw2006_09_127.pdf
10月号	**筐体内の電磁界とEMC問題（その2）**	連載 もう一度学ぶ電磁気学の世界（第23回）	9	dw2006_10_123.pdf
2007年 1月号	写真で見るリフロー炉の中の部品たち **チップ部品 はんだ不良の原因とその処方せん**		16	dw2007_01_091.pdf
2月号	進化を続ける実装技術が小型化・軽量化のキー・テクノロジとなる **世界最小！0.85インチ・ハード・ディスクに見る高密度実装技術**	特集1 実装で失敗しないための基板設計術39連発！（第1章）	3	dw2007_02_052.pdf
	プリント基板の製造工程	特集1 実装で失敗しないための基板設計術39連発！（Appendix）	4	dw2007_02_055.pdf

基礎知識　記事ダイジェスト　**記　事　一　覧**

掲載号	タイトル	シリーズ	ページ数	PDFファイル名
2月号	ICパッケージ, チップ部品, LSI搭載技術の進化を自社製品の進化に生かす！ **プリント基板, 小型化・高密度化へのテクニック7連発**	特集1 実装で失敗しないための基板設計術39連発！（第2章）	9	dw2007_02_059.pdf
	はんだの接合性向上から機械的ストレスに耐える基板を作る方法まで **製造容易性や機械的信頼性が高いプリント基板の設計テクニック11連発**	特集1 実装で失敗しないための基板設計術39連発！（第3章）	8	dw2007_02_068.pdf
	高速シリアル信号, 高速メモリ, 多系統電源, 基板小型化に対応するためのノウハウ集 **FPGA周りの配線テクニック9連発**	特集1 実装で失敗しないための基板設計術39連発！（第5章）	10	dw2007_02_082.pdf
6月号	高速インターフェースや小型化に必須 **多層基板活用のススメ**	特集1 目指せ一流！「プリント基板設計エンジニア」育成講座（第1章）	10	dw2007_06_028.pdf
	USB対応オーディオ入出力アダプタを外形100×100mmの4層基板で設計する **小規模な回路で4層基板設計を体験する**	特集1 目指せ一流！「プリント基板設計エンジニア」育成講座（第2章）	14	dw2007_06_038.pdf
	USB対応オーディオ入出力アダプタの動作説明	特集1 目指せ一流！「プリント基板設計エンジニア」育成講座（第2章 Appendix）	2	dw2007_06_052.pdf
	BGA周りの配線を制する者が多層基板を制する **BGAパッケージ周りの配線設計の勘どころ**	特集1 目指せ一流！「プリント基板設計エンジニア」育成講座（第3章）	9	dw2007_06_054.pdf
	256ピン, 1156ピンBGAからの配線引き出しを4層, 8層基板で設計する **BGAパッケージからの配線引き出しを体験する**	特集1 目指せ一流！「プリント基板設計エンジニア」育成講座（第4章）	13	dw2007_06_063.pdf
8月号	種類と用途, データで読み解く市場推移など **多層プリント配線板の開発トレンド**		8	dw2007_08_108.pdf
9月号	エンジニア必修のノイズに関する基礎知識 **EMC規格の位置づけとテスト方法**	特集1 ネットワーク化時代のEMC設計入門（第1章）	16	dw2007_09_040.pdf
	ノイズ発生と拡散のメカニズムを理解し対処せよ **ノイズを抑える設計テクニック＆ノウハウ18連発！**	特集1 ネットワーク化時代のEMC設計入門（第2章）	8	dw2007_09_056.pdf
	プリント基板, ケーブル, ICにおける対策の勘どころ **EMC対策・設計事例集**	特集1 ネットワーク化時代のEMC設計入門（第5章）	14	dw2007_09_082.pdf
10月号	素材や形状, 使い方によって効果はさまざま **シールド部材の種類と使い分けの勘どころ**		7	dw2007_10_098.pdf
11月号	配線パターンの線幅や長さが, なぜLやCに変わるのか **マイクロストリップ線路を利用したフィルタの設計事例**	特集1 ディジタル回路設計者のためのGHz回路入門（第4章）	8	dw2007_11_049.pdf
	専門家が教える良否判定方法や配線パターン設計時の留意点 **写真で見るBGAパッケージのリワーク**		6	dw2007_11_109.pdf
2008年 2月号	**机上で放射ノイズの発生源を突きとめる**	連載 測定ワンポイント（第1回）	2	dw2008_02_168.pdf
3月号	**フリー・ソフトウェアを使用して配線パターンを設計する**	特集1 画像表示のためのディジタル回路入門（Appendix）	4	dw2008_03_043.pdf
4月号	オーディオ・ボード, WaveSpectra, 巻き線コイル, 放射ノイズ, アンテナ **パソコンによる簡易ノイズ測定法**	連載 測定ワンポイント（第2回）	2	dw2008_04_105.pdf
	ツールと手計算で配線パターンの幅や長さを求める **無償ツールを活用した1.2GHzローパス・フィルタの設計**		11	dw2008_04_107.pdf
6月号	機器の小型化対応に欠くことのできない技能 **写真で見る0402チップの手付け作業**		3	dw2008_06_133.pdf
8月号	マルチプロセッサ処理やEMC対策などの基本が学べる **業務用ビデオ・ゲーム機のハードウェア設計思想**	特集1 ボードのクロック＆リセット設計入門（Appendix3）	5	dw2008_08_076.pdf
11月号	パッケージやプリント基板の材料, 加わる力, 熱の動きを制御せよ **プリント基板から半導体パッケージがはがれないためのコツ**		6	dw2008_11_101.pdf
2009年 1月号	数百MHz～数GHzの信号伝送に必須のアナログ知識を凝縮 **差動伝送線路の基礎知識**	特集 高速伝送の肝！差動伝送徹底研究（第1章）	11	dw2009_01_024.pdf
	ダンピング抵抗や終端抵抗の最適な位置が分かる **シミュレーションで学ぶ伝送線路**	特集 高速伝送の肝！差動伝送徹底研究（第2章）	7	dw2009_01_035.pdf
	差動ドライバ/レシーバの特徴, 使用方法から配線テクニックまで **LVDSに詳しくなれる11のノウハウ**	特集 高速伝送の肝！差動伝送徹底研究（第3章）	7	dw2009_01_042.pdf
	セラミック・コンデンサやフェライト・ビーズと特性を比較 **波形で見るコモン・モード・チョーク・コイルの効果**	特集 高速伝送の肝！差動伝送徹底研究（第6章）	5	dw2009_01_082.pdf
2月号	Sonnet Software社の電磁界シミュレータ「Sonnet Lite」 **配線レイアウトの電磁界シミュレーションを体験する**	特集 無償ツールで設計効率の向上を体験Part2（第3章）	10	dw2009_02_034.pdf

プリント基板設計＆ノイズ対策記事全集

掲載号	タイトル	シリーズ	ページ数	PDFファイル名
2月号	ニソールの伝送線路解析ツール/プリント基板設計CAD「CADLUS Sim」 DDR SDRAMとFPGA間の配線設計を体験する	特集 無償ツールで設計効率の向上を体験Part2（第4章）	8	dw2009_02_044.pdf

■ トランジスタ技術

掲載号	タイトル	シリーズ	ページ数	PDFファイル名
2001年 1月号	絶縁抵抗計	実装技術館（第73回）	3	2001_01_196.pdf
2月号	ディジタル携帯電話機	Inside Electronics（第2回）	3	2001_02_185.pdf
	PHSデータ通信モジュール内蔵ノート・パソコン	実装技術館（第74回）	3	2001_02_188.pdf
3月号	ディジタル・スチル・カメラ	実装技術館（第75回）	3	2001_03_192.pdf
	自然対流から強制対流，実装から騒音まで 放熱と冷却ファンの基礎知識		14	2001_03_283.pdf
	ロー・ノイズ・アンプ回路の基礎	連載 高周波回路デザイン・ラボラトリ（第5回）	6	2001_03_297.pdf
4月号	MDプレーヤ	Inside Electronics（第4回）	3	2001_04_201.pdf
	バイポーラ電源	実装技術館（第76回）	3	2001_04_204.pdf
5月号	BSディジタル・チューナ	Inside Electronics（第5回）	3	2001_05_161.pdf
	電動アシスト自転車	実装技術館（第77回）	3	2001_05_164.pdf
6月号	DVD-RAMドライブ	Inside Electronics（第6回）	3	2001_06_169.pdf
	USBディジタル・オーディオ・インターフェース	実装技術館（第78回）	3	2001_06_172.pdf
7月号	ADSLモデム	Inside Electronics（第7回）	3	2001_07_177.pdf
	カラー液晶プロジェクタ	実装技術館（第79回）	3	2001_07_180.pdf
8月号	IEEE802.11b無線LAN用PCカード	Inside Electronics（第8回）	3	2001_08_161.pdf
	電子レンジ	実装技術館（第80回）	3	2001_08_164.pdf
9月号	オーディオ・アナライザ	実装技術館（第81回）	3	2001_09_148.pdf
10月号	ETC車載器	Inside Electronics（第10回）	3	2001_10_153.pdf
	Lモード対応ファクシミリ	実装技術館（第82回）	3	2001_10_156.pdf
	ノイズの世界	特集 聖域なきノイズ対策（イントロダクション）	5	2001_10_160.pdf
	発生の原理を理解して適切な対策を施そう！ 実験で見るノイズのふるまいと対策の基礎	特集 聖域なきノイズ対策（第1章）	11	2001_10_165.pdf
	パソコン用低ESLコンデンサからクランプ・フィルタまで ノイズ対策部品 使い方のすべて	特集 聖域なきノイズ対策（第2章）	21	2001_10_176.pdf
	微小アナログ信号を扱うBSディジタル・テレビに学ぶ！ アナログ・ディジタル混在回路のノイズ対策	特集 聖域なきノイズ対策（第3章）	4	2001_10_197.pdf
	放射ノイズを出さずに高速なデータ伝送を実現する USB&IEEE 1394 I/Fケーブルのノイズ対策	特集 聖域なきノイズ対策（第4章）	8	2001_10_211.pdf
	電源用EMCフィルタの使い方と伝導ノイズ評価法の基礎を学ぶ AC電源ラインのノイズ対策	特集 聖域なきノイズ対策（第5章）	6	2001_10_219.pdf
	高解像化が進んだ最新カラー液晶ディスプレイに学ぶ！ 高速ディジタル・インターフェースのノイズ対策	特集 聖域なきノイズ対策（第6章）	7	2001_10_225.pdf
11月号	BSディジタル・チューナ	実装技術館（第83回）	3	2001_11_172.pdf
	サージ・ノイズによる誤動作防止と放射ノイズの低減 シリアル・インターフェースのノイズ・トラブル対策事例		14	2001_11_313.pdf

掲載号	タイトル	シリーズ	ページ数	PDFファイル名
12月号	ディジタル・オシロスコープ	実装技術館（第84回）	3	2001_12_140.pdf
2002年 1月号	カメラ付き携帯電話	実装技術館（第85回）	3	2002_01_144.pdf
2月号	無線LAN内蔵ノート・パソコン	実装技術館（第86回）	3	2002_02_140.pdf
	性能を100%引き出すノウハウのすべて！ オンボードDC-DCコンバータの上手な使い方	特集 最新オンボード電源活用法（第3章）	15	2002_02_168.pdf
	出力＋0.8〜＋5V/6〜40Aをヒートシンクなしで出力する 低電圧・大電流出力の最新DC-DCコンバータの研究	特集 最新オンボード電源活用法（第5章）	10	2002_02_192.pdf
	MCMと少しの部品で作る効率90%のオリジナル電源 出力＋3.3V/3Aのステップ・ダウン・コンバータの製作	特集 最新オンボード電源活用法（第6章）	12	2002_02_204.pdf
	安全動作/発振対策/ノイズ対策に役立つ実用知識 確実に動作する絶縁型DC-DCコンバータ設計指南	特集 最新オンボード電源活用法（第7章）	11	2002_02_218.pdf
3月号	ブロードバンド無線ルータ	実装技術館（第87回）	3	2002_03_140.pdf
4月号	5.1チャネルDVDシステム	実装技術館（第88回）	3	2002_04_140.pdf
5月号	空気清浄機	実装技術館（第89回）	3	2002_05_116.pdf
	専用工具を使わずにQFPなどの部品を取り外す 表面実装部品取り外しキットSMD-21		2	2002_05_272.pdf
6月号	Gビット・イーサネット・ハブ	実装技術館（第90回）	3	2002_06_124.pdf
	フリーのCコンパイラAVR-GCCと安価なデジカメによる ラジコン空撮アダプタの製作	特集 マイコン応用製作アイデア集（第2章）	8	2002_06_137.pdf
7月号	ハード・ディスク・ビデオ・レコーダ	実装技術館（第91回）	3	2002_07_134.pdf
8月号	HDDカー・ナビゲーション・システム	実装技術館（第92回）	3	2002_08_140.pdf
9月号	ディジタル複合コピー機	実装技術館（第93回）	6	2002_09_116.pdf
10月号	電子辞書	実装技術館（第94回）	3	2002_10_128.pdf
11月号	アナログ・ストレージ・オシロスコープ	実装技術館（第95回）	3	2002_11_120.pdf
	フリーウェアと市販の感光基板を使ってプリント基板を作ろう！ プリント基板CAD"PCBE"の使い方とプリント基板の作り方	特集 新アイディア・ツール製作集（第9章）	8	2002_11_196.pdf
	リプルやノイズの波形写真を見て特性を知ろう！ アナログ回路用DC-DCコンバータの評価		12	2002_11_255.pdf
12月号	ハイブリッド自動車用インバータ	実装技術館（第96回）	3	2002_12_126.pdf
2003年 1月号	ディジタル一眼レフ・カメラ	実装技術館（第97回）	3	2003_01_124.pdf
2月号	HDD内蔵DVDビデオ・レコーダ	実装技術館（第98回）	3	2003_02_116.pdf
3月号	高電圧可変スイッチング電源	実装技術館（第99回）	3	2003_03_128.pdf
	実装とプリント・パターン設計	連載 高周波センスによるアナログ設計（第13回）	8	2003_03_227.pdf
	EAGLEの概要と回路図の描き方	短期連載 PCBレイアウト・エディタ"EAGLE"の使い方（第1回）	8	2003_03_247.pdf
4月号	2バンド無線LANアクセス・ポイント	実装技術館（第100回）	3	2003_04_124.pdf
	部品ライブラリの作成と回路図の完成	短期連載 PCBレイアウト・エディタ"EAGLE"の使い方（第2回）	9	2003_04_245.pdf
5月号	IHクッキング・ヒータ	実装技術館（第101回）	3	2003_05_104.pdf
	ボード・エディタの使い方と自動配線	短期連載 PCBレイアウト・エディタ"EAGLE"の使い方（第3回）	10	2003_05_223.pdf

掲載号	タイトル	シリーズ	ページ数	PDFファイル名
6月号	クロック・シンセサイザ	実装技術館（第102回）	3	2003_06_116.pdf
	実録！目で見るプリント配線板の製造工程	特集 はじめてのプリント基板設計（カラー・プレビュー）	3	2003_06_120.pdf
	各種配線板の構造や用途を知ろう！ プリント配線板の基礎知識	特集 はじめてのプリント基板設計（第1章）	6	2003_06_123.pdf
	プリント配線板の安全規格	特集 はじめてのプリント基板設計（Appendix-A）	2	2003_06_128.pdf
	プリント配線板の用語解説	特集 はじめてのプリント基板設計（Appendix-B）	1	2003_06_130.pdf
	CADを使った現代プリント基板設計のプロセスを身に付けよう！ PCB CADを使いこなせ！22のアドバイス	特集 はじめてのプリント基板設計（第2章）	12	2003_06_131.pdf
	安全でほかの電子機器に影響しないパワー回路基板を設計する パワー回路基板設計の鉄則10か条	特集 はじめてのプリント基板設計（第4章）	9	2003_06_169.pdf
	反射や放射ノイズを抑えるための実践テクニック 高速ディジタル回路基板の設計ポイント	特集 はじめてのプリント基板設計（第5章）	13	2003_06_178.pdf
	ミリ・メートルで回路の性能が決まる！ 高周波用プリント基板の設計ポイント	特集 はじめてのプリント基板設計（第6章）	10	2003_06_191.pdf
	CAMデータの作成法とULP	短期連載 PCBレイアウト・エディタ"EAGLE"の使い方（第4回）	8	2003_06_238.pdf
7月号	GPS対応のカラーLCD魚群探知機	実装技術館（第103回）	3	2003_07_116.pdf
8月号	1kWアンプ内蔵サブウーファ	実装技術館（第104回）	3	2003_08_124.pdf
9月号	ハンディ・スペクトラム・アナライザ	実装技術館（第105回）	3	2003_09_116.pdf
	PLD/FPGA回路の不良原因と対策の実際 ディジタル回路のトラブル対策	特集 保存版★電子回路のトラブル対策（第2章）	16	2003_09_130.pdf
10月号	缶びん飲料 自動販売機	実装技術館（第106回）	3	2003_10_108.pdf
	特徴を理解し回路に合ったものを選ぼう コイルの種類と特徴	特集 コンデンサとコイルと回路の世界（第7章）	8	2003_10_171.pdf
	平滑用コイルの選び方とノイズ対策用コイルの役割 スイッチング電源のためのコイル	特集 コンデンサとコイルと回路の世界（第8章）	5	2003_10_180.pdf
11月号	カメラ＆録音再生機能付きPDA	実装技術館	3	2003_11_114.pdf
	周波数が高くなると見えてくる七つの基本現象 高周波の基礎の基礎	特集 はじめての高周波回路設計（第1章）	12	2003_11_127.pdf
	第2の部品「伝送線路」のふるまい	特集 はじめての高周波回路設計（第2章）	4	2003_11_141.pdf
	回路と空間をマッチングし、信号のすべてを電波に変換する 基板に作り込むアンテナのシミュレーション	特集 はじめての高周波回路設計（第7章）	6	2003_11_190.pdf
12月号	ビデオ配信表示セット・トップ・ボックス	実装技術館（第108回）	3	2003_12_118.pdf
	設計者の必須知識！EMC規制から個々の試験方法まで 知っておこう！ノイズ規制と測定法		9	2003_12_269.pdf
2004年 1月号	ファンクション/任意波形ジェネレータ	実装技術館（第109回）	4	2004_01_099.pdf
	接合部の熱容量に合わせた温度管理が鍵！ 鉛フリーはんだのはんだ付けテクニック		11	2004_01_257.pdf
2月号	カラー・レーザ・プリンタ	実装技術館（第110回）	4	2004_02_107.pdf
	ノイズ対策技術の代表的な名著	私の本棚から	1	2004_02_268.pdf
3月号	USB接続の小型計測器	実装技術館（第111回）	4	2004_03_115.pdf
4月号	高速ディジタル回路の高周波ノイズは低ESLコンデンサで絶つ 3端子コンデンサの実力と使い方		6	2004_04_246.pdf
5月号	電波干渉による問題の防止 あなたの製品は大丈夫ですか？		1	2004_05_243.pdf
7月号	小型化/多端子化に対応する表面実装タイプの進化と現状 最新半導体パッケージの基礎知識		13	2004_07_207.pdf

掲載号	タイトル	シリーズ	ページ数	PDFファイル名
8月号	高速伝送，高速動作，省電力，多端子に対応する **最新！半導体パッケージの電気的特性と選択**		10	2004_08_237.pdf
9月号	**高速ロジックICは同時スイッチング・ノイズの影響を受けやすい**	特集 トランジスタで学ぶディジタル回路（第7章 Appendix）	2	2004_09_189.pdf
10月号	プリント基板を設計するときの基本ルールから便利なフリー・ツールまで **プリント基板設計便利帳**	特集 保存版★エレクトロニクス設計便利帳（第7章）	8	2004_10_211.pdf
11月号	**1眼レフ・タイプのディジタル・スチル・カメラD70**	ワンポイント実装技術館	4	2004_11_285.pdf
2005年 2月号	ボード内のシグナル・インテグリティを高めるために **高速クロック信号の終端に関する考察**		11	2005_02_252.pdf
4月号	**EMCの七つ道具**	連載 転ばぬ先のノイズ対策（第1回）	2	2005_04_274.pdf
5月号	**電流プローブを作る**	連載 転ばぬ先のノイズ対策（第2回）	2	
	コモン・モード・チョーク・ミノムシ	連載 My tools！（第1回）	1	2005_05_260.pdf
6月号	本誌4月号の付録マイコン基板で実験！ **電子回路の性能は配線で決まる**	特集 プリント基板の配線術＆実例集（イントロダクション）	4	2005_06_108.pdf
	回路図と言う理想的な世界から現実の世界へ **基板を意識した回路図を描こう！**	特集 プリント基板の配線術＆実例集（第1章）	8	2005_06_112.pdf
	回路図の裏側を読み解き確実に動作する基板を作ろう！ **プリント・パターンを描く基本テクニック**	特集 プリント基板の配線術＆実例集（第2章）	11	2005_06_120.pdf
	多電源システムから高速ディジタル回路まで **電源のグラウンドの配線テクニック**	特集 プリント基板の配線術＆実例集（第3章）	9	2005_06_131.pdf
	7セグメントLED周辺や内蔵ADCを利用するセンサ応用回路まで **マイコン周辺回路の配線実例集**	特集 プリント基板の配線術＆実例集（第4章）	5	2005_06_140.pdf
	ミュート回路から多チャネルD-Aコンバータまで **オーディオ回路の配線実例集**	特集 プリント基板の配線術＆実例集（第5章）	9	2005_06_145.pdf
	バッファ・アンプから高速シリアル伝送線路まで **ビデオ応用回路の配線実例集**	特集 プリント基板の配線術＆実例集（第6章）	10	2005_06_154.pdf
	OPアンプ応用回路から高精度A-Dコンバータまで **アナログ回路の配線実例集**	特集 プリント基板の配線術＆実例集（第7章）	6	2005_06_164.pdf
	広帯域アンプからVCO回路まで **広帯域＆高周波回路の配線実例集**	特集 プリント基板の配線術＆実例集（第8章）	6	2005_06_170.pdf
	リニア・レギュレータからステップ・ダウン・コンバータまで **電源＆パワー回路の配線実例集**	特集 プリント基板の配線術＆実例集（第9章）	5	2005_06_176.pdf
	DDR-SDRAMからPCI-Expressまで **ディジタル回路の配線実例集**	特集 プリント基板の配線術＆実例集（第10章）	8	2005_06_181.pdf
	電流プローブの使いかた	連載 転ばぬ先のノイズ対策（第3回）	2	2005_06_266.pdf
	対策を要するノイズだけが見えるプローブ	連載 My tools！（第2回）	1	2005_06_268.pdf
7月号	**磁界を検出するアンテナを作る**	連載 転ばぬ先のノイズ対策（第4回）	2	2005_07_290.pdf
8月号	着目すべきスペックや基本部品の外観を見てみよう！ **電子部品選びの基礎知識**	特集 電子部品選びのコモンセンスABC（イントロダクション）	15	2005_08_108.pdf
	ワンチップ・マイコン周辺に使う電子部品の種類とその理由 **マイコン周辺の電子部品選びコモンセンス**	特集 電子部品選びのコモンセンスABC（第1章）	11	2005_08_123.pdf
	高速化による発熱とノイズの増大に対応するために **ディジタル回路の電子部品選びコモンセンス**	特集 電子部品選びのコモンセンスABC（第2章）	9	2005_08_134.pdf
	部品の性能が回路の性能に直結する **アナログ回路の電子部品選びコモンセンス**	特集 電子部品選びのコモンセンスABC（第3章）	9	2005_08_143.pdf
	壊れにくくノイズの出ないパワー回路を作るために **電源回路の電子部品選びコモンセンス**	特集 電子部品選びのコモンセンスABC（第4章）	12	2005_08_152.pdf
	HF～VHF帯とUHF～SHF帯に使われる部品の特徴をマスタしよう **高周波回路の電子部品選びコモンセンス**	特集 電子部品選びのコモンセンスABC（第5章）	9	2005_08_164.pdf
	部品を乗せる土台「蛇の目基板」	連載 できる！表面実装時代の電子工作術（第1回）	3	2005_08_257.pdf
	CDプレーヤ基板のノイズ源を探る	連載 転ばぬ先のノイズ対策（第5回）	2	2005_08_266.pdf
9月号	**はんだ付け用の道具箱**	連載 できる！表面実装時代の電子工作術（第2回）	3	2005_09_265.pdf

掲載号	タイトル	シリーズ	ページ数	PDFファイル名
9月号	分散の法則	連載 転ばぬ先のノイズ対策（第6回）	2	2005_09_274.pdf
10月号	はんだ付けの作法	連載 できる！表面実装時代の電子工作術（第3回）	3	2005_10_281.pdf
	ノイズ源の探しかた	連載 転ばぬ先のノイズ対策（第7回）	2	2005_10_290.pdf
11月号	実装済み部品の外しかた	連載 できる！表面実装時代の電子工作術（第4回）	3	2005_11_273.pdf
	配線やケーブルからのノイズ放出を食い止める	連載 転ばぬ先のノイズ対策（第8回）	2	2005_11_282.pdf
	ラッピング・ツール	連載 My tools！（第7回）	1	2005_11_284.pdf
12月号	チップ部品や狭ピッチ多ピンICのはんだ付け	連載 できる！表面実装時代の電子工作術（第5回）	3	2005_12_265.pdf
	コモン・モードと電磁界分布	連載 転ばぬ先のノイズ対策（第9回）	2	2005_12_274.pdf
2006年 1月号	ピッチ変換に最適！シール基板	連載 できる！表面実装時代の電子工作術（第6回）	3	2006_01_269.pdf
	コモン・モード発生のしくみ	連載 転ばぬ先のノイズ対策（第10回）	2	2006_01_274.pdf
2月号	手作り回路における線材の使いこなし	連載 できる！表面実装時代の電子工作術（第7回）	3	2006_02_269.pdf
	豚の尻尾にコモン・モード	連載 転ばぬ先のノイズ対策（第11回）	2	2006_02_274.pdf
3月号	部品や線材をつかんだり切断する工具	連載 できる！表面実装時代の電子工作術（第8回）	3	2006_03_273.pdf
	凹凸の電源パターンでノイズ発生	連載 失敗は成功の母（第12回）	2	2006_03_276.pdf
	ディファレンシャル・モード	連載 転ばぬ先のノイズ対策（第12回）	2	2006_03_278.pdf
4月号	受信機の製作	微弱電波によるワイヤレス・データ通信の実験製作（後編）	8	2006_04_254.pdf
	竹串の利用法と小さな部品をつかむ工具	連載 できる！表面実装時代の電子工作術（第9回）	3	2006_04_282.pdf
5月号	電磁妨害の予防対策…その1：発生源への対応	連載 転ばぬ先のノイズ対策（第13回）	2	2006_05_280.pdf
	手と目をサポートする治具	連載 できる！表面実装時代の電子工作術（第10回）	3	2006_05_282.pdf
6月号	電磁妨害の予防対策…その2：ワイヤリング	連載 転ばぬ先のノイズ対策（第14回）	2	2006_06_266.pdf
	アクリル・ケースの製作術①	連載 できる！表面実装時代の電子工作術（第11回）	3	2006_06_268.pdf
7月号	電磁妨害の予防対策…その3：パターニング	連載 転ばぬ先のノイズ対策（第15回）	2	2006_07_272.pdf
	アクリル・ケースの製作術②	連載 できる！表面実装時代の電子工作術（第12回）	3	2006_07_274.pdf
8月号	電磁妨害の予防対策…その4：リターン回路の欠落	連載 転ばぬ先のノイズ対策（第16回）	2	2006_08_272.pdf
	アクリル・ケースの製作術③	連載 できる！表面実装時代の電子工作術（第13回）	3	2006_08_274.pdf
9月号	電磁妨害の予防対策…その5：グラウンディング	連載 転ばぬ先のノイズ対策（第17回）	2	2006_09_264.pdf
	アクリル・ケースの製作術④	連載 できる！表面実装時代の電子工作術（第14回）	3	2006_09_266.pdf
10月号	電磁妨害の予防対策…その6：シールディング	連載 転ばぬ先のノイズ対策（第18回）	2	2006_10_264.pdf
11月号	重要な脇役部品 コネクタとケーブル	特集 図解でわかる！電子部品の選び方（第6章）	7	2006_11_155.pdf
	電子回路を安全確実に動作させる ノイズ対策部品と回路保護部品	特集 図解でわかる！電子部品の選び方（第7章）	8	2006_11_163.pdf
	電磁妨害の予防対策…その7：フィルタリング	連載 転ばぬ先のノイズ対策（第19回）	2	2006_11_274.pdf

掲載号	タイトル	シリーズ	ページ数	PDFファイル名
12月号	電磁妨害の予防対策…その8：フィルタリング（続）	連載 転ばぬ先のノイズ対策（第20回）	2	2006_12_266.pdf
2007年 1月号	私はグラウンド・リターン電流を見た！	連載 失敗は成功の母（第20回）	2	2007_01_274.pdf
2月号	スイッチング・レギュレータのノイズが逆流！	連載 失敗は成功の母（第21回）	2	2007_02_266.pdf
5月号	電気信号の波形を映し出す基本測定器 オシロスコープのしくみ		8	2007_05_185.pdf
6月号	付録のCADツールでプリント基板設計を体験！	特集 体験！プリント基板の設計と製作（イントロダクション）	3	2007_06_096.pdf
	プリント基板を構成するパーツの呼称	特集 体験！プリント基板の設計と製作（Appendix）	3	2007_06_099.pdf
	各種基板の素材，用途，製造工程を知ろう！ プリント基板の種類と特徴	特集 体験！プリント基板の設計と製作（第1章）	8	2007_06_102.pdf
	搭載部品の性能を引き出す芸術的な基板を作るために 部品のレイアウトとパターン設計の基本	特集 体験！プリント基板の設計と製作（第2章）	13	2007_06_110.pdf
	アナログとディジタルが同居するUSBオーディオ・アダプタを例に STEP1 プリント基板に作り込むターゲット回路の詳細	特集 体験！プリント基板の設計と製作（第3章）	6	2007_06_123.pdf
	回路図に描き入れる素材を作る STEP2 回路図用の部品シンボルとライブラリの作成	特集 体験！プリント基板の設計と製作（第4章）	6	2007_06_129.pdf
	エディタの使い方と銅箔/穴/レジスト情報を持つ部品データを作る STEP3 回路図とPCB部品データの作成	特集 体験！プリント基板の設計と製作（第5章）	8	2007_06_135.pdf
	基本操作から性能や形状を意識した配置/配線まで STEP4 部品をレイアウトしパターンを描く	特集 体験！プリント基板の設計と製作（第6章）	16	2007_06_143.pdf
	完成したデータの出力方法から発注書の書き方まで STEP5 プリント基板の発注と部品の実装	特集 体験！プリント基板の設計と製作（第7章）	8	2007_06_159.pdf
	プリント基板CADのインストールと起動方法	特集 体験！プリント基板の設計と製作（Appendix）	2	2007_06_167.pdf
	スイッチング電源の放射ノイズを抑える定石	アプリケーション・ノートの壺（第2回）	1	2007_06_264.pdf
11月号	高周波はパターン設計が重要	特集 初めてのワイヤレス・データ通信（Appendix）	1	2007_11_162.pdf
2008年 5月号	医療機器や屋外で使う計測装置に欠かせない 絶縁アンプによるコモン・モード・ノイズ対策		13	2008_05_185.pdf
6月号	超薄型携帯電話の内蔵カメラはこうやって作られている 樹脂上に回路が作り込まれた小型デバイスMID	テクノロジ・トレンド	10	2008_06_159.pdf
10月号	効果的なノイズ除去に活用するためのヒント ディジタル・アイソレータを使いこなす		10	2008_10_180.pdf
11月号	放送の仕様と受信機の構成，実機の内部 地上ディジタル放送受信機のしくみ	特集 地デジ受信機のしくみと応用製作（第2章）	4	2008_11_108.pdf
12月号	スイッチング・レギュレータ活用Tips 降圧型コンバータIC BD9778Fのノイズ対策と拡張法		6	2008_12_173.pdf
	出力周波数近傍でノイズが悪化する理由 DDSのデメリットと改善方法	連載 ディジタル処理のためのアナログ回路設計（第17回）	7	2008_12_186.pdf
	ノイズって何？EMC，EMI，EMSって何？	連載 はじめてのノイズ対策Q&A（第1回）	1	2008_12_268.pdf
2009年 1月号	VCCIって何？EMC規格って何？	連載 はじめてのノイズ対策Q&A（第2回）	1	2009_01_278.pdf
2月号	ノイズ対策はどのようにして行うのですか？	連載 はじめてのノイズ対策Q&A（第3回）	1	2009_02_264.pdf
3月号	ノイズの伝わり方は？ノーマルとコモンの違いは？	連載 はじめてのノイズ対策Q&A（第4回）	1	2009_03_254.pdf
4月号	高速動作回路に適する 配線長が短いピッチ変換基板	部品箱の逸品プラス	1	2009_04_216.pdf
	ノイズ対策の具体的な方法	連載 はじめてのノイズ対策Q&A（第5回）	1	2009_04_254.pdf
5月号	電子機器の信頼性を高める 保護回路と熱/ノイズ対策の常識	特集 電源回路設計Q&A（第6章）	9	2009_05_166.pdf
	ノイズ対策にはどんな電子部品を使いますか？	連載 はじめてのノイズ対策Q&A（第6回）	1	2009_05_254.pdf

プリント基板設計＆ノイズ対策記事全集

掲載号	タイトル	シリーズ	ページ数	PDFファイル名
6月号	チップ・インダクタとチップ・ビーズの違い（その1）	連載 はじめてのノイズ対策Q&A（第7回）	1	2009_06_230.pdf
7月号	チップ・インダクタとチップ・ビーズの違い（その2）	連載 はじめてのノイズ対策Q&A（第8回）	1	2009_07_242.pdf
8月号	シミュレーションで得た理想特性に近づけるために 高周波LCフィルタ基板設計の勘所	連載 チャレンジ回路設計（第7回）	8	2009_08_165.pdf
	バイパス・コンデンサの役割と実装点数の減らし方	連載 はじめてのノイズ対策Q&A（第9回）	1	2009_08_238.pdf
9月号	面実装時代の熱対策を考える 表面実装型パワーICの許容損失と放熱設計		8	2009_09_154.pdf
	ケーブル放射ノイズの低減方法	連載 はじめてのノイズ対策Q&A（第10回）	1	2009_09_234.pdf
10月号	SDI入出力，コンポジット入力，アナログ出力，DVI出力，LVDS出力を網羅 すぐに使えるビデオ信号処理回路	特集 すぐに使える！実用回路集（第4章）	14	2009_10_126.pdf
	AC電源用EMCフィルタの接続方法	連載 はじめてのノイズ対策Q&A（第11回）	1	2009_10_222.pdf
11月号	素早い作業と三種の神器で「達人」になろう！ 鉛フリーはんだ付けの極意		1	2009_11_167.pdf
2010年 2月号	パチパチ・ノイズ四つの原因	サージ対策の処方せん	2	2010_02_228.pdf
3月号	パルス性ノイズ対策試験に使う測定器	サージ対策の処方せん	3	2010_03_225.pdf
4月号	電源/通信線に容赦なく侵入するサージ・ノイズによる破壊から守る 雷/静電気対策部品の種類と使い方		11	2010_04_199.pdf
5月号	汎用マイコンにも利用され始めた高密度実装パッケージの使い方を再チェック BGAパッケージの配線術		9	2010_05_194.pdf
	インパルス・ノイズ試験器の原理と使い方	サージ対策の処方せん	3	2010_05_225.pdf
6月号	IC内チップの温度計算式から放熱設計まで 発熱量の見積もりと放熱器の選択	特集 保存版 電源デバイス便利帳（第6章）	13	2010_06_121.pdf
	プリント・パターンのインダクタンス/抵抗の見積もりなど プリント基板の設計	特集 保存版 電源デバイス便利帳（第7章）	6	2010_06_134.pdf
	スイッチングによって生じる雑音への対応 ノイズ対策と安全規格	特集 保存版 電源デバイス便利帳（第8章）	7	2010_06_140.pdf
	直流電源入力端子に侵入するインパルス・ノイズ対策	サージ対策の処方せん	3	2010_06_219.pdf
	パッケージの温度を下げられない！	連載 失敗は成功の母	2	2010_06_224.pdf
7月号	エンジニア応援企画 ミッション3 …きちんと動く基板づくりをバックアップ！	特集 保存版 基板づくりチェックリスト（イントロダクション）	5	2010_07_060.pdf
	つなぐだけじゃ動かない チェックリストでディジタル基板を一発で動かす	特集 保存版 基板づくりチェックリスト（プロローグ）	1	2010_07_065.pdf
	高周波のふるまいを理解して確実に 高速化するディジタル信号の配線技術	特集 保存版 基板づくりチェックリスト（第1章）	10	2010_07_066.pdf
	基板設計前に，場所を食う回路を最適化する 発熱&ノイズ源「電源」の回路検討と配線術	特集 保存版 基板づくりチェックリスト（第2章）	8	2010_07_076.pdf
	チップ部品のはんだ付けから配線の切り張りまで 表面実装部品による試作基板づくりと手直し	特集 保存版 基板づくりチェックリスト（第3章）	13	2010_07_084.pdf
	はんだ付けの状態から電源投入まで 納品された実装済みプリント基板の外観チェック	特集 保存版 基板づくりチェックリスト（第6章）	5	2010_07_111.pdf
	評価検討前に確認が必要な測定ポイントと検査項目 電源投入と基本動作OK/NGのチェック	特集 保存版 基板づくりチェックリスト（第7章）	7	2010_07_116.pdf
	オシロスコープによる高速ディジタル基板診断術	特集 保存版 基板づくりチェックリスト（Appendix A）	5	2010_07_123.pdf
	BGAパッケージの接続状態を調べるJTAGデバッガ	特集 保存版 基板づくりチェックリスト（Appendix B）	3	2010_07_128.pdf
	ユニバーサル基板でも美しい試作を！ 「横開ランド連結配線導体」	特集 保存版 基板づくりチェックリスト（Appendix C）	2	2010_07_131.pdf
	試作基板ができるまで	特集 保存版 基板づくりチェックリスト（Appendix D）	6	2010_07_133.pdf
	雷サージ試験の原理と規格	サージ対策の処方せん	2	2010_07_228.pdf

掲載号	タイトル	シリーズ	ページ数	PDFファイル名
8月号	知らなきゃ損する！回路/基板/機構設計のミニ知識 **チップ部品活用ワンポイント・プラス**	特集 保存版 チップ部品活用全集（第6章）	5	2010_08_162.pdf
	電源ラインや通信回線への雷サージ試験	サージ対策の処方せん	3	2010_08_210.pdf
	うちのハード・ディスク装置がノイズ源に？！	連載 失敗は成功の母	2	2010_08_220.pdf
	第7問 電源からの雑音の侵入を阻止	詰め回路	1	2010_08_226.pdf
9月号	高速時代のキー・パーツ **チップ・ノイズ対策部品のコモンセンス**		13	2010_09_175.pdf
	雷サージ対策に使える電子部品	サージ対策の処方せん	2	2010_09_220.pdf
	第7問のこたえ 電源からの雑音の侵入を阻止	詰め回路	1	2010_09_222.pdf
10月号	静電気試験の方法	サージ対策の処方せん	2	2010_10_220.pdf
11月号	部品ときょう体による静電気試験対策	サージ対策の処方せん	2	2010_11_224.pdf
12月号	安全規格/EMC規格からはんだ各種の特徴まで **環境/安全**	特集 エレクトロニクス比べる図鑑（第8章）	4	2010_12_161.pdf

第1章 これからのプリント基板設計

パターンを引くだけでは済まない！幅広い知識と高い技術が求められる

金子 俊之

プリント基板設計をそつなくこなすには

　機器のコストや性能を大きく左右するのはプリント基板であると言っても決して言い過ぎではないと思われる方も多いと思います．

　近年のディジタル信号の高速・高周波化に伴って，プリント基板の性能（材料や工法など）や配線パターン（信号配線の方法，GNDの確保など）によって同じ回路でも特性が大きく変わってしまいます．つまり，どんな性能（材料や構造など）のプリント基板を選択するか，どんな配線パターンのプリント基板を設計するかということが，製品を安定して動作させるためには，とても大事です．

　ただし，高性能なプリント基板を選択する場合には，コストと性能のトレードオフについても検討する必要があります．高価で高性能なプリント基板を選択するよりも，低コストのプリント基板で安定動作するようにプリント基板の設計ができれば，システム全体のコストダウンにもつながっていきます．また，プリント基板の設計の良しあしによって，製造のしやすさ，製造後の信頼性，実装のしやすさにも影響します．さらに，回路の意味をよく理解して，部品を適切な位置に配置，配線しないと回路作成時に想定していた特性を得られないことも考えられます．

　このように，単にプリント基板のアートワークができればよいというわけではなく，上流工程の部品選定や回路設計の意味をよく理解し，その意図をプリント基板の設計に反映する必要があります．さらには，プリント基板設計の下流工程に当たる基板製造，実装や評価についての知識もないと上手なプリント基板設計はできません（**図1**）．

　ここでは，プリント基板設計を行う上で重要な知識や技術について解説します．これらの技術は，本書付属CD-ROMに収録されているPDF記事でも至る所で紹介されていますので，参考にしてください．

プリント基板設計の上流工程とうまく付き合う

　プリント基板の設計段階から見た上流工程には，機器の仕様検討や回路設計，部品選定，構造設計，カスタム部品の設計，ソフトウェア開発などが考えられます．

　機器の仕様検討では，どのような機能を持たせるかを決め，その機能を実現するための回路や，使用する部品を検討することになります．また，1枚のプリント基板でシステムを構成するのか，複数のプリント基板で構成するのかといったことも決めていく必要があります．

● モジュール部品を活用して共通化

　最近の傾向としては，無線通信機能や電源機能など，ある程度の機能をモジュール化し，複数の機器に共通的に使用するケースも増えています（**写真1**）．このように，場合によっては，どの機能を利用してシステムを構成するか，といったことから考える必要があります．

図1　プリント基板設計ではさまざまな知識や技術が必要になっている

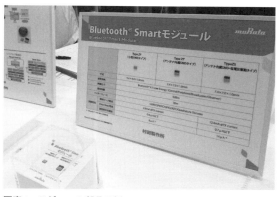

写真1 モジュール部品の例
2014年10月に開催のCEATECで展示されたBluetooth無線通信機能のモジュール（撮影：編集部）．

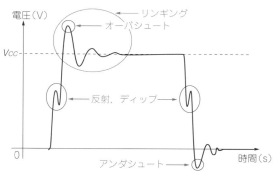

図2 シミュレーションで得られた電圧波形の例
シミュレーションによって，どのような問題が発生する可能性があるかを事前に把握できる．問題をあらかじめ確認できていれば，早い段階で解決策を検討できる．

● シミュレーションの活用

機器の開発において，手戻りが増えれば，それだけ，開発の期間とコストがかかります．そこで，できるだけ機器開発の上流で問題をつぶしておく必要があります．

例えば，回路を検討している段階で電気特性や熱対策などを事前にシミュレーションを活用して検討しておくことで，基板の設計方針が明確になり，基板の設計が行いやすくなります（図2）．

● LSIの機能を有効に使う

① ピン配置の最適化

LSIのピン配置によっては，プリント基板上の配線が交差することがあります．こうなると，配線に必要な層が増えたり，配線に必要な面積が大きくなったりと，プリント基板のコストにも影響してきます．これは高速なメモリ・インターフェースや高速シリアル・インターフェースでは，伝送特性が悪化する要因にもなります．

機器の開発の上流でLSIのピン配置の変更ができるようであれば，基板設計を見据えて，ピン配置を最適化することが有効になります．

② ドライブ電流の調整

高速なメモリ・インターフェースの場合，ドライバICの出力する電流容量（バッファ能力）が可変であれば，使用するメモリ・インターフェース（個数や，モジュールなのか，オンボードなのかなど）の条件に合わせて，最適な電流容量を選択することで信号波形の信頼性が向上します（図3）．また，ダンピング抵抗や終端抵抗の有無やドライバICの出力する電流を最適化するのも，基板設計よりも上流で検討する必要があります．

高速シリアル・インターフェースでは，プリエンファシスやイコライジングといったLSI側で振幅レベルを調整できる機能を持つこともあります．これらの機能が使用可能か，どのレベルまで使えるかなどを事前に確認しておくことで，高価で高性能な基板を使わなくても安定に動作させられるかもしれません．

このように，LSIの機能を活用するのか，もしくは，高性能な基板を使うのかなどを事前に確認しておくこ

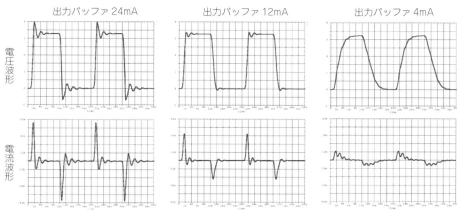

図3 信号のドライブ電流の調整例

とで，性能とコストのバランスを事前に検討しておくことができます．

● カスタムLSI設計者との協調設計が重要

カスタムLSI（FPGAやASIC）を用いる回路の場合には，LSI自体の回路やパッケージ基板の設計も該当します．

ディジタル信号の高速化に伴って，タイミング・マージンやノイズ・マージンが小さくなっています．このため，プリント基板だけで最適化することが難しくなっています．

システム全体でタイミングを最適化（タイミング・バジェッド）することが，システムの安定動作やシステムのコストダウンにつながっています．

このように，LSIの設計，パッケージ基板の設計，システムのメイン・ボードとなるプリント基板の設計が，協調設計する仕組みも重要です．それぞれの設計するタイミングは，一般的には異なりますが，お互いの情報を共有することで最適なシステムを構築することができるようになると考えられます．

プリント基板設計の下流工程とうまく付き合う

プリント基板の設計を基準にすると，下流工程としては，基板製造，部品実装，評価といった内容が考えられます．

● プリント基板の構造…貫通基板とビルドアップ基板

システムのメイン・ボードとなるプリント基板の構造は，貫通基板とビルドアップ基板に大きく分かれます（図4）．貫通基板とビルドアップ基板の違いは，ビアの形成方法です．

貫通基板はドリルでビアを形成するので，ビアの形状が大きくなります．また，全層に接続できるビアをドリルで一気に加工するので，ビルドアップ基板と比較すると低コストで作成することができます．

ビルドアップ基板は，レーザでビアを形成します．このとき，層間ごとにレーザでビアを形成するので，非貫通ビア（任意の層間を接続するビア）となります．

レーザ・ビアの形状は，貫通のビアに比べて，小さくすることができます．また，配線幅と配線間隙についても，貫通基板よりもビルドアップ基板の方が一般的に小さくなります．

このように，ビルドアップ基板は，狭ピッチなLSIから配線を引き出すときに有利になります．しかし，同じ面積で同じ層数の貫通基板であれば，ビルドアップ基板の方が一般的にコストアップになります．

● プリント基板技術や部品のトレンド

最近の高速・高周波なディジタル信号を伝送する基板技術として，低誘電正接材料やバック・ドリル工法があります．

電源ノイズ対策としては，多層基板の場合，電源層とGND層との層間を薄くし，理想的な容量を稼ぐ方法があります．また，3端子コンデンサや各種フィルタを活用する方法も有効になります．

このようにプリント基板の特性や技術を知っていると，特性の改善が期待できます．

● 実装を考慮した設計

部品の実装に関しても，考慮する必要があります．最新の部品を使う場合や，使用実績のない工場（装置）を利用する場合は，実装時に用いる装置の性能などをよく確認して，部品のパッドを設計していく必要があります（写真2）．

● テストの配慮とシミュレーションによる評価

評価の際に動作波形を確認するのであれば，動作確認時に測定器に接続されるプローブをプリント基板に接続するためのポイントを用意する必要があります．テスト・パッドや貫通ビアなどを観測点とするのが一

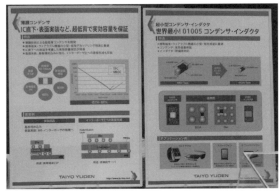

写真2　最新の部品の例
使用する部品の形状や，実装で使用する装置の性能を確認する必要がある．写真はCEATECで展示された01005形状（0.1 mm×0.05 mm）のチップ部品（撮影：編集部）．

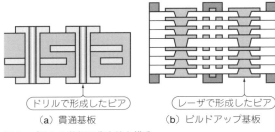

図4　プリント基板の代表的な構造

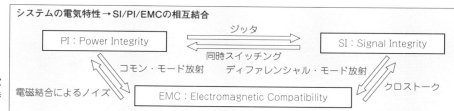

図5 信号波形の信頼性(SI),電源ノイズ(PI),電磁界干渉(EMC)の関係

般的です.

ただし,ビルドアップ基板に表面実装タイプの部品を実装すると,このような観測点を設けられないことがあります.そのようなときには,伝送線路シミュレーションなどによって電圧波形を検証することも必要になると考えられます.

● ノイズ問題への対応

このように,単にプリント基板を設計するのではなく,基板の製造仕様を確認するとともに,基板の機能を活用するか,ノイズ対策部品を活用する,波形の観測点を事前に検討しておくということが必要になります.製品出荷前に,EMI(Electromagnetic Interference)の規格を満たせずに,最後の最後に苦労して,何とか出荷にこぎつけたといった事例もよく聞きます.

EMIの対策もプリント基板の設計によって大きく変わります.また,最近の無線通信モジュール等のアナログ回路の特性も,プリント基板の設計によって大きく変わります.製品が必要とする規格をプリント基板の設計の段階でも意識した上で最適な設計を考えていく必要があります.

● システムの電気特性の考慮

高速メモリ・インターフェースの普及,高速シリアル・インターフェースの増加に伴い,システム全体の電気特性がシビアになっています.このような高速インターフェースですが,当然,信号波形の信頼性(SI:Signal Integrity)を評価する必要があります.このSIだけを最適化すればよいかというと,電源ノイズ(PI:Power Integrity)や,クロストーク・ノイズのような電磁界干渉(EMC:Electromagnetic Compatibility)の影響も無視できません.

これらの関係を図5に示します.特に,タイミング・マージンやノイズ・マージンが少なくなってくると,電源ノイズの影響によるジッタの増加によってタイミングへの影響や,基準電圧の変動を気にしたり,クロストーク・ノイズの影響も考慮する必要があります.

このようにシステムの電気特性の最適化をする上では,SI/PI/EMCをバランスよく最適化する必要があります.

SIを最適化する

DDRに代表される高速メモリ・インターフェースや,USB,PCI Express,HDMIなどに代表される高速シリアル・インターフェースなど,インターフェース規格の世代進歩とともに,配線を流れる信号は高速,低電圧になっています.

これらのディジタル信号をプリント基板上で伝送するには,時間軸方向の変動,および電圧軸方向の変動をインターフェース規格の中に収めていく必要があります.

● 時間変動を抑えるポイント

メモリ・インターフェースなどは,基準信号と各信号との伝搬遅延時間,もしくは,基準信号に対してのセットアップ時間とホールド時間が規定されています.これらの規定時間を満たすには,基本的にドライバICからレシーバICへ到達する伝搬時間を調整し,既定のタイミングに合わせ込むことが重要になります.

このため,プリント基板の設計段階で,ドライバICからレシーバICまで配線の長さを調整し,伝搬時間の調整を行います.ただし,単純に配線長を調整するだけでなく,伝搬時間を調整する必要があるので,以下の点に注意が必要となります.

① 線路構造に応じた伝搬遅延時間を考慮する

信号配線のプリント基板の断面構造を図6に示します.線路の構造が,マイクロストリップ線路構造(外層信号)なのか,ストリップ線路構造(内層信号)なのかによって,単位長さ当たりの伝搬遅延時間が異なります.従って,単に配線長だけを合わせるのではなく,信号配線の線路構造に応じた伝搬遅延時間を考慮する必要があります.

② LSI内部の伝搬遅延時間を考慮する

制御ICが比較的大きなパッケージ基板になっていると,パッケージ基板内の伝搬遅延時間の影響を無視できなくなります.

LSI内部(チップとパッケージの遅延時間)を考慮する必要があるかどうかについては,制御ICメーカに確認する必要があります.

(a) マイクロストリップ線路構造　　(b) ストリップ線路構造

図6　信号配線の断面構造
構造によって単位長さ当たりの伝搬遅延時間が異なる．

③ 電源ノイズやクロストークの影響を考慮する

電源ノイズやクロストークの影響によっても遅延時間が変化します．従って，電源ノイズやクロストークの影響は，極力小さくしておく必要があります．また，電源ノイズやクロストークの影響を考慮して，マージンを設定する必要があります．

● 電圧変動を抑えるポイント

電圧が変動する原因として，伝送損失による減衰やインピーダンス不連続による反射，電磁干渉によるクロストークの影響などが考えられます．

▶ 伝送損失の低減

伝送損失の発生する原因として，導体による導体損失と誘電体による誘電損失があります．特に1GHz以上の信号を伝送する場合には，これらの損失をできるだけ小さくしていく必要があります．

▶ 導体損失の低減

① 導体幅は太く，導体厚を厚くする

インピーダンス制御が必要な場合には，単に太くするだけではなく，層間厚を調整して，インピーダンスも満たせるようにする必要があります．また，配線のインダクタンス成分とキャパシタンス成分が大きくなりすぎると動作周波数帯域で共振現象が現れることがあるので，S_{11} を検証して共振が起きない程度の導体幅にする必要があります．さらに，導体幅を太くする場合には，周辺の信号とのクロストークにも注意する必要があります．

② 配線長を短くする

導体損失や誘電体損失は，長くなればそれだけ影響を受けるので，配線長はできるだけ短くする方が有利になります．ただし，タイミングなどの制約から配線長が短くできない場合もあるので，注意してください．

③ 表面がフラットな導体を使用する

一般的なプリント基板では，導体表面を粗化する（薬品で細かい凹凸を付ける）ことで導体と絶縁材の密着性を良くしています．ただし，導体損失の観点から見ると，表面に凹凸があるよりも表面をフラットにする方が導体損失を小さくすることができます．最近はプリント基板の材料を製造しているメーカから，ある程度の密着性を確保した上で，できるだけ表面をフラットにしている材料も出てきています．

▶ 誘電損失の低減

① 誘電率，誘電正接の低い材料を選ぶ

誘電損失は，絶縁材の誘電率と誘電正接によって決まります．そこで，誘電率と誘電正接の低い材料を選べば低減することができます．

② 配線長を短くする

先にも述べたように，配線が長くなればそれだけ影響を受けるので，できるだけ配線長を短くした方が有利になります．ただし，タイミングなどの制約から配線長が短くできない場合もあるので，注意してください．

● インピーダンスの不連続による反射を対策する

インピーダンスの不連続箇所があると，反射が起きて信号が伝わらなくなります．できるだけインピーダンスの不連続箇所ができないように，プリント基板の設計を行う必要があります．

① 配線のインピーダンスの不連続箇所をなくす

上下層にあるリファレンス・プレーン（電源やGNDプレーン）は信号配線に沿わせて設計します．リファレンス・プレーンのスリットの上を信号配線がまたがないようにします（図7）．

信号層にGNDを配置したコプレナ構造の場合は，信号配線からGNDまでの距離が場所によって異ならないようにします．

信号配線上にノイズ対策部品によるパッドがあると，インピーダンス不連続になります．パッドの形状を考慮して，インピーダンスを調整します．

② ビア部分でのインピーダンス不連続箇所をなくす

プリント基板には，極力ビアを配置しないようにします．ビアを配置する場合は，ビアの周囲にGNDビアを設けるようにします．ビア部分のインピーダンスについても，ビアからリファレンス・プレーンまでの距離を調整し，GNDビアを周囲に配置してインピーダンスを合わせておく必要があります．

貫通ビアの場合，スタブがあると反射が起きます．そこでバック・ドリル工法や非貫通のビアによって，スタブを対策します（図8）．

③ 部品によるインピーダンスの不連続箇所をなくす

ノイズ対策部品などを追加する場合，部品自体のインピーダンス変動ができるだけ小さい部品を選択します．

コネクタ，ケーブルなどの部品を接続する場合には，それぞれのインピーダンスを考慮します．特にコネクタのピン配置を検討する場合には，高速信号の周囲のピンにGNDピンを割り当てるなど，できるだけインピーダンスの変動が起きないようにしておく必要があります．

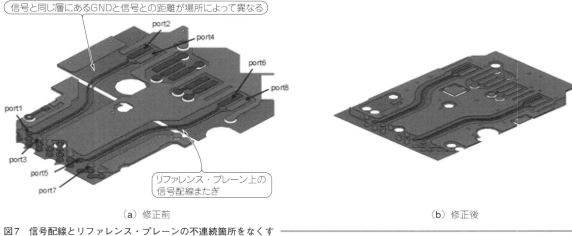

図7 信号配線とリファレンス・プレーンの不連続箇所をなくす
リファレンス・プレーンのスリットの上を信号配線がまたがないようにする．信号配線とGNDの間隔を一定にする．

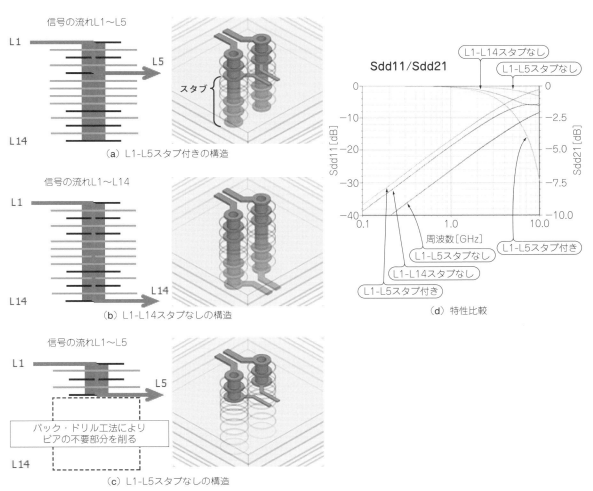

図8 バック・ドリル工法によるスタブ対策

● クロストークによる電圧変動を抑える

信号配線間の結合によってクロストークが発生します．クロストーク・ノイズの対策例について以下に示します．

① 信号間の結合を小さくするために，信号間隙を広くする

信号配線間の電界や磁界の結合を下げるには，信号間隙を広くして，結合を小さくすることが有効になります．また，できるだけ結合させたくない信号間にはGNDを入れると，信号間の直接の結合を小さく抑えることができます．

② ドライバICの出力電流容量（バッファ能力）を小さくする

ドライバICのバッファ能力が強く，信号に流れる電流が大きくなると，信号に発生する磁界も大きくなります．大きな磁界が発生すると，それだけ周囲の導体にも電流を誘起するようになります．

ドライバICのバッファ能力を小さくするとクロストーク・ノイズを小さく抑えることができます．また，バッファ能力を変えられない場合は，ダンピング抵抗（信号に直列に入れた抵抗）をドライバICの近くに設置することで同様の効果が期待できます．

③ インピーダンスを下げる

特性インピーダンスを近似すると，信号配線の寄生インダクタンスと寄生キャパシタンスとの割合として表されます．つまり，インピーダンスを下げるということは，寄生インダクタンスよりも寄生キャパシタンスの割合を大きくするということになります．寄生インダクタンスが大きくなると，信号の電圧波形は立ち上がりが鋭く，オーバシュート，アンダシュートが出やすくなります．

PIを最適化する

図9に示すように，電源ノイズの原因としては電源供給源からLSIまでの経路のDC抵抗によって決まるDC電圧降下や，LSIが動作することで周期的なノイズが電源に回り込む電源電圧変動が考えられます．

● DC電圧降下対策

① 電源供給元からLSIの電源ピンまでの経路における抵抗値を下げる

多層板で電源ベタ層があっても，ビアによってクリアランスが発生すると抵抗値が下がることが考えられます．クリアランスが結合している箇所では電流を流すことができなくなるので，電源/GNDにおけるビアのクリアランスはできるだけ小さくしておきます．

また，基板製造からの情報をよく確認してクリアランスが結合しないように設計することも重要になります．

一般的なプリント基板の銅箔(どうはく)の厚みは，18 μmか35 μmです．大電流が流れる場合などは厚みを200 μmの設計に変更するといったように，銅箔を厚くすることでDC抵抗を下げることも有効となります（写真3）．ただし，導体が厚くなれば，最小の配線幅や配線間隙に制約が出てくるので，プリント基板の製造担当に確認しましょう．

また，断面積が増えれば抵抗値を小さく下げることが可能になるので，銅箔厚を厚くするだけでなく，電源の経路の幅を広くする，電源層を増やして電源供給からLSIまでの経路を並列に増やす，なども経路の抵抗値を下げるには有効な手段です．

② ビアの設計に注意する

ビアのサイズやビアの内部のメッキの厚みによって，ビア1個当たりに流れる電流値が異なります．大きな電流を流す場合には，ビアをできるだけ太くし，ビア

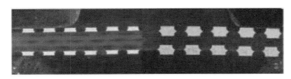

写真3 厚銅基板の例
左は導体厚80 μm，右は導体厚200 μm．

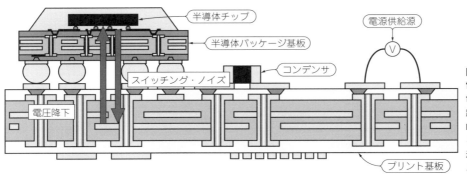

図9
電源ノイズの原因
電源供給源からLSIまでの経路のDC抵抗によって決まるDC電圧降下や，LSIが動作することで周期的なノイズが電源に回り込む電源電圧変動がある．

内部を導体で埋める構造にします．
　また，ビアの配置は，電流に対して垂直に複数個配置することでビアに均等に電流が流れるようになります．大きな電流が流れる回路については，ビアを複数設置するようにします．

● 電源電圧変動の対策
　CMOS LSIが動作すると，電源とGNDの間に貫通電流が流れるので，電源に周期的なノイズが発生します．例えば，複数のバッファが同時に動作すると大きな貫通電流が流れ，大きな電源ノイズが発生することが考えられます．

① 周期的な電源電圧変動にはパスコンが有効
　周期的な電源ノイズに対しては，バイパス・コンデンサ（パスコン）が有効になります．
　コンデンサの容量は，対策するノイズの周波数に応じて決める必要があります．また，コンデンサの配置位置は，ノイズ源となるLSIの電源/GND端子のできるだけ近くにします．このとき，LSIの電源/GND端子からコンデンサまでの距離もできる限り近くします．
　さらに，コンデンサへ接続する配線は太くします．つまり，コンデンサへの接続配線を，低抵抗，低インダクタンスとなるように，太く短くするようにします．
　これは，コンデンサ部品に限らず，3端子コンデンサやコンデンサに直列に抵抗が入ったスナバ回路についても有効な対策と考えられます．

② LSIの電源端子から見た入力インピーダンスを低くする
　LSIの入力インピーダンスを小さくすることで，LSIの動作に必要な電源電流を供給しても，電源の電圧変動を許容値の範囲内に収めることができるようになります．
　このような電源の入力インピーダンスを解析する場合には，LSIチップの対象電源端子の等価容量，LSIパッケージ基板の対象電源端子の等価回路があれば，より正確な検証を行うことが可能になります．

③ プリント基板の電源GNDベタの対向面積を大きくし，対向する層間厚を薄くする
　プリント基板の電源とGNDの間にできる寄生容量は，寄生インダクタンス成分を含まない構造となるため，電源ノイズおよびEMI対策として有効な対策になると考えられます．多層プリント基板の電源ベタ層とGNDベタ層を使って理想的なコンデンサを構成するので，対向する面積や層間厚によって寄生容量が異なります．よって，できるだけ対向面積を大きくし，層間厚を薄くすることで寄生容量も大きくなり，電源の安定化だけでなく，EMI対策にもなると考えられます．

EMCを最適化する

　EMCには，基板からノイズを放射するEMIと外部から電磁界を受けたときに誤動作しないEMS（Electromagnetic Susceptibility）があります．ここでは，EMIを低減するための基板設計について，いくつか紹介します．
- 高速信号のリターン・パスを確保し，リターン・パスの経路が最短になるように設計する
- 高速信号の配線長はできるだけ短くする
- 信号波形の信頼性が確保できていれば，必要以上に電流を流さない
- 信号波形の立ち上がり時間を必要以上に速くすると高周波のEMIを出しやすくなるので，必要以上に速くしない
- 基板の外形周囲にGNDビアを配置し，シールド効果を持たせる

電気特性以外にも考慮すべき設計とは

　これまで，プリント基板の設計によって影響を受ける電気特性を中心に紹介しましたが，電気特性以外にも，熱や反りの問題もあります．熱や反りは，銅箔がどれくらい分布しているか（銅の粗密）によって影響が異なります．つまり，プリント基板設計の段階から，銅の粗密を意識しながら設計する必要があります．
　熱の問題とEMIの問題はトレードオフの関係になることがほとんどです．例えば，熱対策として筐体にファンの吹き出し口を用意したが，このファンの吹き出し口からEMIが筐体の外へ放出されるといったケースも，過去にありました．
　また，熱対策としてLSIの上にヒート・シンクを搭載したところ，このヒート・シンクが特定の周波数で共振を起こし，EMIが悪化したケースもあります．このように，熱や応力の問題についても，できるだけ上流の作業工程で対策を行うことが重要だと考えます．

かねこ・としゆき
京セラサーキットソリューションズ（株）

第2章　新理論でノイズ対策部品を試作・評価する

電磁ノイズがなくなる!? スイッチング電源回路における適用事例

遠矢 弘和

スイッチング回路と電磁干渉問題

　スイッチング素子と電源配線，スイッチング配線から構成されるスイッチング・モード回路(**図1**)は，電気機器や半導体のほぼすべてで用いられています．例えば，インバータ回路や固定周波数で動作するスイッチング電源は，スイッチング・モード回路の一種です．

● スイッチング・モード回路には電磁ノイズを放射する問題がある

　スイッチング・モード回路には，アナログ回路に比べて多くの利点があります．
① 消費電力が少なく小型軽量化が容易
② 回路構成要素が少なく設計が非常に容易
③ 製造が容易で機能・性能・品質のばらつきが少ない
④ 電力を多様に制御し効率良く変換できる
　（スイッチング電源，インバータ回路）
⑤ 大量の情報を高速で処理し，また蓄積することができる（ディジタル回路）
⑥ 機器・モジュール間のインターフェースを容易に規定できる（ディジタル回路）

　しかし，スイッチング・モード回路は，商用電源ラインや信号ライン，空間に電磁ノイズを放射して，通信や電子電気機器の動作を妨害するとともに，機器自身の性能低下や動作の不安定化を招くという難解な電磁干渉問題を抱えています（コラム「電磁干渉問題が難解である世界共通の理由」を参照）．このため，①〜⑥の特徴が十分発揮できない状況に陥っています．

● 新しい電磁波物理学理論を適用する

　このような状況を打開する新しい電磁波物理学理論として，孤立電磁波理論（コラム「孤立電磁波理論とは」を参照）があります．この理論によってスイッチング・モード回路の信号発生・電磁干渉メカニズムが明らかになります．

● 電磁干渉問題を解決に導く損失線路技術

　筆者は，孤立電磁波理論によるスイッチング・モード回路の電磁干渉問題を解決に導く損失線路(**図2**)を開発しました．

▶損失線路によって電磁漏えいと信号劣化がなくなる

　スイッチング素子によってスイッチング線路と電源線路に2つの孤立電磁波が励起されます．スイッチング線路を進む孤立電界波がスイッチング線路を充電しますが，その電位は電源電圧より低い値です．電源線路を進む孤立電界波は電源線路を放電しますが，電源端のインピーダンスがほぼゼロであれば反射した孤立電界波が電源線路とスイッチング線路を電源電圧まで充電します．電源線路の長さはスイッチング電圧波形の上昇時間に影響し，また電源端のインピーダンスが

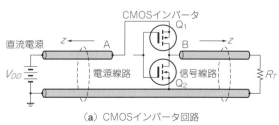

(a) CMOSインバータ回路

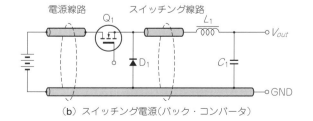

(b) スイッチング電源（バック・コンバータ）

図1　スイッチング・モード回路(Switching Mode Circuit：SMC)
スイッチング素子と電源線路とスイッチング線路とから構成される回路をスイッチング・モード回路(SMC)と呼ぶ．ディジタル回路ではスイッチング線路は信号線路と呼ばれる．

孤立電磁波理論とは

孤立電磁波理論(Solitary Electromagnetic wave Theory)は，従来の線形電磁波理論の欠点を補ってスイッチング・モード回路を効果的に解析するための電磁波理論です．式(1)と式(2)に示す非線形ベクトル波動方程式がこの理論の中核を成しています．解析半導体物理学における知見と，非線形波動物理学におけるソリトンに関する非線形波動方程式に従い，マクスウェルの線形ベクトル波動方程式に倣って導出されました．

$$\dot{E}(t) = \mp iE_0 \cdot \sec^2 h \{B(t \mp [T_0 + z\sqrt{\mu\varepsilon}])\}$$

$$\dot{H}(t) = jE_0\sqrt{\frac{\varepsilon}{\mu}} \cdot \sec^2 h \{B(t \mp [T_0 + z\sqrt{\mu\varepsilon}])\}$$

ここで，μ と ε はそれぞれ透磁率と誘電率，z は進行距離，T_1 は時間の初期値，i は進行方向に対する縦方向の単位ベクトル，j は進行方向に対する横方向の単位ベクトルです．

スイッチング素子のスイッチング時間(ON時の立ち上がり時間とOFF時の立ち下がり時間)に，ソリトンの一種である孤立電磁波が励起されます．電圧源回路においては孤立電界波が回路を支配し，スイッチング素子の両端に図Aに示す正極性と負極性の孤立電界波が同時に励起されます．

図Aにおいて，正極性孤立電界波は線路を放電し，負極性孤立電界波は線路を充電します．線路が充放電されるときの電圧波形は孤立電界波の時間積分波形となります．

紙面の都合上詳しい解説は省略します．理論に興味のある方は，参考文献(1)～(7)を参照してください．

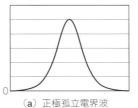 

(a) 正極孤立電界波　　(b) 負極孤立電界波

図A　スイッチング素子の両端に励起される孤立電界波

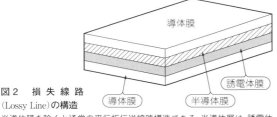

図2　損失線路(Lossy Line)の構造
半導体膜を除くと通常の平行板伝送線路構造である．半導体膜は，誘電体層を進行する電磁波の一部を浸透させることによって伝送損失を発生させる．

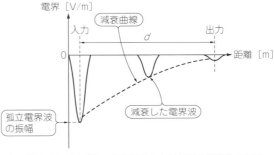

図3　整合インピーダンス損失線路における孤立電界波の挙動
入力された孤立電磁波のうちの孤立電界波は，波長が一定のまま振幅だけを減衰させて進行する．スイッチング電圧波形の振幅は，孤立電界波の充電電圧，すなわち孤立電界波の積分値となる．従って，孤立電界波が線路内で減衰すると，スイッチング電圧波形の振幅も減少するはずである．しかし，振幅減衰曲線によって孤立電磁波の減衰量が完全に補正されるので，スイッチング電圧波形の振幅が減少することはない．

ゼロではない状況では電源端から孤立電磁波が漏洩します．孤立電磁波は線路の充放電によって電圧波形を形成しますが，隣接配線へのクロストーク問題や終端でのバウンスやリンキングの問題を発生させます．伝送損失で孤立電磁波を大きく減衰させる2つのタイプの損失線路は，これらの問題のすべてを解決します．

▶**低インピーダンス損失線路**

スイッチング・モード回路の電源線路には，低インピーダンス損失線路(Low Impedance Lossy Line)を使用します．

電源線路には，多くのスイッチング素子が励起する膨大な量の孤立電磁波が存在します．このため，線路には大きな損失が必要となります．また，電磁波を反射して，漏えいを抑止し信号品質を向上させるために伝送線路のインピーダンスを十分低くします．

▶**整合インピーダンス損失線路**

一方，スイッチング配線には，整合インピーダンス損失線路(Matched Impedance Lossy Line)を使用します．整合インピーダンス損失線路は，スイッチング線路上でのクロストークを抑圧して信号品位を維持するとともに，整合終端を不要にします．

整合インピーダンス損失線路における孤立電界波の挙動を図3に示します．

整合インピーダンス損失線路の特性インピーダンスは，スイッチング素子の出力インピーダンスに近い比較的高い値に設定されます．一般に，特性インピーダンスが高くなると，線路の伝送損失を増やすことが困難になります．しかし，スイッチング配線や信号線路に到来する孤立電磁波は，接続されるスイッチング素

子からだけなので，低インピーダンス損失線路より伝送損失が少なくても支障はありません．

● 損失線路をスイッチング電源回路に適用する

損失線路技術を使用することによって，スイッチング・モード回路は，冒頭で示した①〜⑥の優れた特徴を十分発揮できるようになります．

損失線路は，スイッチング素子の近傍に配置するのが効果的です．スイッチング素子を容易に特定できるスイッチング電源回路は，LSIが使われるディジタル回路に比べて損失回路の使用が容易で効果的です．

そこでスイッチング電源として，スイッチング周波数8MHzのバック・コンバータを選択し，電磁ノイズによる自身の動作への妨害に注目しました．出力が1Wに満たないので微小と思われる放射・伝送妨害波には注目しません．制御ICのデータシートに示されている回路を，推奨されている部品レイアウトや配線パターンに従わずにユニバーサル基板上で空中配線によって試作しました．参照回路通りだとスイッチング動作が不安定となりましたが，損失線路をスイッチング配線に使用すると動作が安定化しました．

以下では，試作・実験結果と，孤立電磁波理論による回路シミュレーションによって，この理由を明らかにします．さらに，損失線路の試作法も紹介します．

回路の試作と評価

● スイッチング周波数8MHzのバック・コンバータで評価

今回は，制御ICとしてMIC2285（主スイッチのON抵抗0.4Ω）を使用した，スイッチング周波数8MHz，入力電圧2.7V〜5.5V，出力電圧/電流は1.8V/最大500mAのバック・コンバータを用いて，損失線路の評価を行います．

制御ICのデータシートに記載されている回路に，損失線路部品を適用したときの回路を図4に示します．

LL1とLL3は，11V化成エッチド・アルミ箔を使用した1.5mm幅，14mmの低インピーダンス損失線路

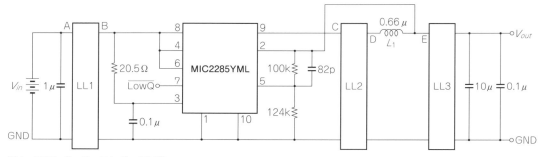

図4　8MHzバック・コンバータ回路
データシートに記載されている回路（制御ICはMicrel社のMIC2285，主スイッチのON抵抗0.4Ω，スイッチング周波数8MHz，入力電圧2.7V〜5.5V，出力電圧/電流は1.8V/最大500mA）に，損失線路部品を適用した．LL1とLL3は低インピーダンス損失線路，LL2は整合インピーダンス損失線路である．

（a）表面

（b）裏面

写真1　試作回路の構造
（a）の左下にあるのが低インピーダンス損失線路のLL1，右下にあるのが整合インピーダンス損失線路LL2．予備用の制御ICへの配線は未接続．（b）の銅箔は0.1mm厚であって入出力電源/グラウンド配線と端子を兼ねている．背景の格子の太線ピッチは10mm．

です．また，LL2は，50 V化成プレーン・アルミ箔を使用した1.5 mm幅，14 mmの整合インピーダンス損失線路です．

両面スルー・ホールのユニバーサル基板を用いて作成した8 MHzバック・コンバータを**写真1**に示します．すべての部品はスルー・ホール部に固定され，特性インピーダンスが200 Ωと推定される空中配線で接続されています．

● 電位波形

図4の回路を入力電圧5.1 V，入力電流170 mA，出力電圧1.8 V，出力電流280 mAで動作させた際の，チョーク・コイルL_1の一端(D点)の電位波形を**図5**～**図7**に示します．スイッチング時間は12 ns前後，繰り返し周波数は8.5 MHz前後でした．

▶オリジナル回路およびLL3を使用した場合

図5に示すように，損失線路を使用しないオリジナル回路とLL3のみの場合は，スイッチングのタイミングが不安定となりました．

▶LL1とLL3を使用した場合

時間軸が50 ns/divの**図6**(a)は，安定しているように見えます．しかしトリガが不安定だったため時間軸を1 μs/divにしたところ，**図6**(b)のように振幅が不安定であることが分かりました．

これらの原因は，メーカが推奨するプリント配線パターンを使用せず，ユニバーサル基板を使用して空中配線としたため，スイッチングに伴って励起される孤立電磁波の一部が制御IC内に侵入したものと考えられます．

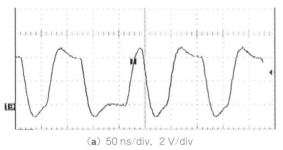
(a) 50 ns/div，2 V/div

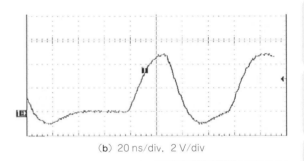
(b) 20 ns/div，2 V/div

図5 オリジナル(LL不使用時)およびLL3のみ使用時の電位波形
スイッチングのタイミングが不安定である．

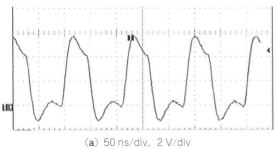
(a) 50 ns/div，2 V/div

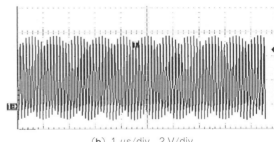
(b) 1 μs/div，2 V/div

図6 LL1とLL3を使用時の電位波形
一見，安定しているように見えるが，振幅が不安定である．

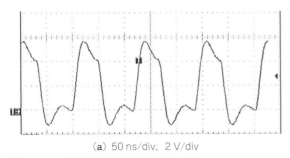
(a) 50 ns/div，2 V/div

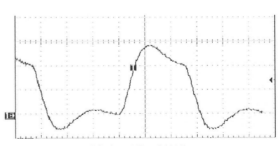
(b) 1 μs/div，2 V/div

図7 LL2のみ使用時の電位波形
スイッチング波形が安定している．

表1 損失線路の製作と評価に必要な設備と材料

名　称	用　途	メーカの例	商品の例	その他
ディップ・コータ	エッチング層への導電性ポリマの含浸	SDI	MD-0408-S5	ディップ条件が確定したらハンド・ディップで可
定温乾燥機	含浸・塗布後の箔の乾燥	ヤマト科学	DS400	
実態顕微鏡	微細塗布用	島津理化	VCT-VBL2E	
ディスペンサ	各種ペーストの塗布	岩下エンジニアリング	AD2200C	シリンジ，ニードル，エア・チューブも必要
エア・コンプレッサ	ディスペンサ用の圧縮空気製造	MonotaRO	オイルレスエアーコンプレッサー 12L	
ネットワーク・アナライザ	S21測定	AVANTEC	汎用品	S21だけ測定できればよい
オシロスコープ	時間軸波形の測定	Tektoronix	汎用品	
ディジタル・マルチメータ(DMM)	電圧・電流・温度測定	岩崎通信機	汎用品	
直流安定化電源	アルミ箔の化成処理用，絶縁耐圧試験用，回路実験用	高砂製作所，菊水電子工業	汎用品	

(a) 主要設備

名　称	用　途	メーカの例	商品の例	その他
化成エッチド・アルミ箔	LILLチップ用	日本蓄電器工業	陽極箔	
プレイン・アルミ箔	MILLチップ用	Captain Stag	M-8495	厚手のアルミホイル
化成液	プレイン・アルミ箔の化成処理 化成エッチド・アルミ箔の再化成処理	米山化学工業	アビジン酸アンモニウム リン酸二水素アンモニウム	
導電性ポリマ	エッチング層への含浸用	ヘレウス	Clevios LV Clevios IL Clevios KV	
銀ペースト	電極形成用	echeson	Electrodag 503	
カーボン・ペースト	内部損失発生用	echeson	Electrodag PR-406	同等の面積抵抗を有する国産品あり
導電性接着剤	リード・フレームへのチップの接続	藤倉化成	FA-705BN	

(b) 主要材料

(a) ディップ・コーター　　(b) 実体顕微鏡・ディスペンサ　　(c) エア・コンプレッサ　　(d) 定温乾燥機

(e) ネットワーク・アナライザ（上），オシロスコープ（下）　　(f) DDM（左上），直流安定化電源　　(g) 導電性ポリマ水溶液　　(h) 銀ペースト（左），カーボンペースト（右）

写真2　損失線路の製作と評価に必要な設備と材料の外観

▶LL2を使用した場合

LL2を使用すると，LL1とLL3を併用しなくても，図7に示すようにスイッチング波形が安定しました．

制御ICのスイッチング端子とチョーク・コイルの間のスイッチング配線が，この回路における唯一の強ノイズ発生源です．ここに整合インピーダンス損失線路としてLL2を使用すると，30 mmと50 mmという比較的長いビニール線を使用して接続してもスイッチング動作が安定しました．また，図7に示すような良好なスイッチング電圧波形が得られています．

なお，整合インピーダンス損失線路をディジタル回路の信号線路に使用すると同様の作用によって，クロストークが大幅に減少し，かつ整合終端回路を使わなくても良好な信号電圧波形が得られることを実験で確認済みです[3]〜[6]．

▶配線を長くしたら回路が壊れてしまった

LL2とチョーク・コイルを接続する配線の一つを200 mm程度まで長くしたところ，スイッチング波形が消えてリニア動作となり，その後動作しなくなってしまいました．この原因は，配線の充放電エネルギーが増えたことによって，制御ICの主スイッチング素子が破壊したと考えられます．

損失線路の製作

損失線路の製作とバック・コンバータ回路の評価に必要な設備と材料を表1と写真2に示します．

損失線路の製作は非常に簡単です．危険物質を全く使用しないため，普通の実験環境で試作することができます．

● 使用材料と加工法

LL1とLL2は，市販の化成エッチド・アルミニウム箔に市販の導電性ポリマ水溶液を染み込ませて乾燥したものです．LL1は，市販の60 μm厚のアルミ箔に化成膜を付けて前加工を施します．

前加工済みのアルミ箔の表面にカーボン・ペーストと銀ペーストを塗布・乾燥して後加工を施します．後工程までの，工程に応じたアルミ箔の加工の様子を写真3に示します．

 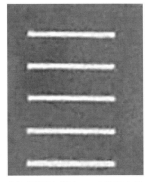 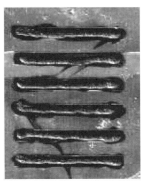 

(a) ソルダ・レジスト膜を張り付けた化成処理後の60 μm厚アルミ箔
(b) 導電性ポリマー水溶液を染み込ませた化成エッチド・アルミニウム箔
(c) カーボン・ペーストを塗布し乾燥した化成処理後の60 μm厚アルミ箔
(d) 銀ペーストを塗布し乾燥した60 μm厚アルミ箔

写真3 アルミ箔の加工例

写真4 リード・フレーム基板

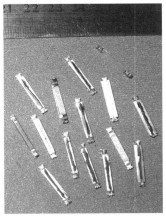

写真5 試作部品

後工程後のアルミ箔を，ソルダ・レジスト膜の矩形穴のやや外部に沿って細長く切り出してチップ化します．チップを2対の正負端子を有するリード・フレーム基板に搭載して直接陰極端子に，銅箔をほぐして陽極に接続すると部品が完成します．

リード・フレーム基板を**写真4**に，完成した試作部品を**写真5**に示します．

● 試作部品の特性
▶LL1とLL3の単体特性

低インピーダンス損失線路用のLL1とLL3の単体特性を**図8**に示します．漏れ電流は定格電圧で2μA以下でした．

図8(a)は，ネットワーク・アナライザを使用して求めた測定値です．測定器の信号源に20 MHz～

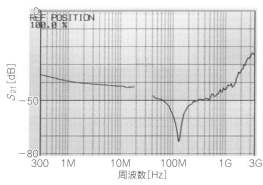
(a) 透過係数(S_{21})の実測値

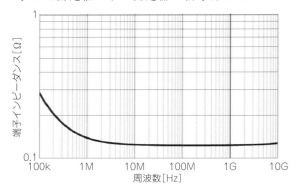
(b) 端子インピーダンスの計算値(Mathcad 15.0を使用)

図8 LL1とLL3の単体特性
測定器の信号源に20 MHz～40 MHzにかけてのノイズが存在しているのでグラフからは削除している．

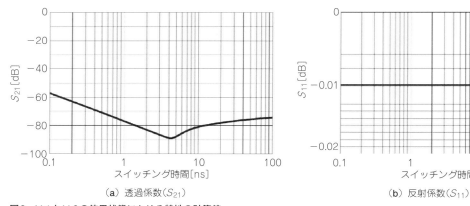
(a) 透過係数(S_{21})　　　　　　　　　　　(b) 反射係数(S_{11})

図9 LL1とLL3の使用状態における特性の計算値
スイッチング時間12 nsのときの透過係数(S21)は-80 dB，反射係数(S11)は-0.01．

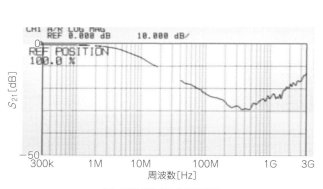
(a) 透過係数(S_{21})の実測値　　　　　　　(b) 端子インピーダンスの計算値(Mathcad 15.0を使用)

図10 LL2の単体特性

40 MHzにかけてのノイズが存在しているので，見やすいようにこの部分だけ消去しました．

図8(b)は，実測から推定した端子インピーダンスの計算値です．計算値は，特性方程式によって求めています．

▶LL1とLL3の回路への適用時の特性

LL1とLL3の図4に示すような使用状態での特性を図9に示します．見やすいように横軸をスイッチング時間で表示していますが，孤立電磁波理論で定義する修正重要周波数で周波数にも換算可能です．

本試作例のスイッチング時間12 nsのときの透過係数(S_{21})は－80 dB，反射係数(S_{11})は－0.01となりました．

▶LL2の単体特性

整合インピーダンス損失線路用のLL2の単体特性を図10に示します．

▶LL2の回路への適用時の特性

整合インピーダンス損失線路用のLL2の使用状態における特性を図11に示します．

波形測定結果から得られたスイッチング時間12 nsのときの透過係数(S_{21})は－21 dB，反射係数(S_{11})は－33 dBです．反射係数は十分だが透過係数がやや大きいようです．予想よりスイッチング時間が長かったことが原因ですが，整合インピーダンス損失線路としては特に支障はありません．

電磁解析

LL1，LL2の特性に基づき，8 MHzバック・ンバータ回路の電磁波解析を，非線形ベクトル波動方程式によって行いました．

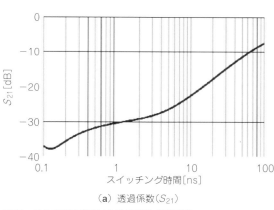
(a) 透過係数(S_{21})

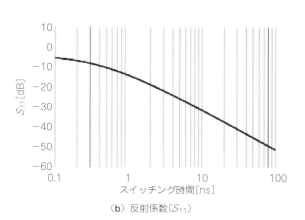
(b) 反射係数(S_{11})

図11　LL2の使用状態における特性の計算値
スイッチング時間12 nsのときの透過係数(S_{21})は－21 dB，反射係数(S_{11})は－33 dB．

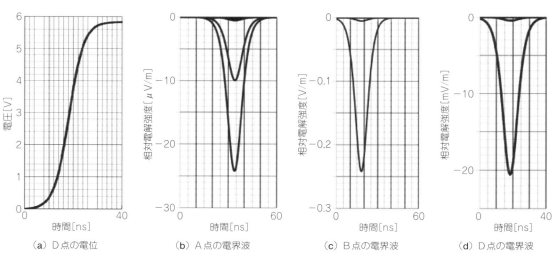

(a) D点の電位　　(b) A点の電界波　　(c) B点の電界波　　(d) D点の電界波

図12　スイッチング ON時の解析波形

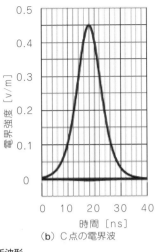
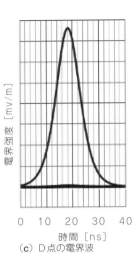

図13 スイッチングOFF時の解析波形

● スイッチングON時

図4の回路におけるスイッチングON時の各部の電位・電界波形の解析結果を図12に示します.

図12(a)の電位波形は,図12(d)の電界波形を積分して求めました.なお,図中の相対電界強度は,1 mの距離での電界強度を意味します(以下同様).

● スイッチングOFF時

スイッチングOFF時の図4の回路に示す点の電位と電界波形の解析結果を図13に示します.

図13(a)の電位波形は,図13(b)の電界波形を積分して求めました.なお,D点の電位波形は,孤立電磁波理論によると遅延時間を除いてC点と同じなので記載を省略しました.

図12と図13において,C点の電界波形は,ほぼ振幅だけが変化しており,電磁干渉を起こす進行波として作用しません.またD点の電界波形は同様に,ほぼ振幅だけが変化していて,振幅がC点より22 dB小さくなっています.この結果,制御ICのスイッチング端子とC点間の配線によるクロストーク量と,E点から制御ICへの電磁波の漏えいが減少します.

配線が十分短くて配線上の電磁波が振幅だけ変化しているように見える状態を,電磁気学では準定常状態(Quasistationary State)と定義しています[8].この状態では電磁放射や電磁干渉が無視できるので,ノイズ問題が発生しません.交流回路理論が成り立つので,SPICEで回路を解析してもエラーが生じません.損失線路LLを効果的に使用すると,スイッチング・モード回路を準定常閉回路(Quasistationary State Closed Circuit:QSCC)にすることができます[5]〜[7].

今回の解析においては,LL3は考慮していません.これは,LL3とLL1の特性が同じであり,V_{out}での電磁波の振幅が1/1万に減少するだけだからです.

スイッチング電源がディジタル回路基板上に搭載される場合は,一般に,負荷となるLSIから電源線路に漏えいする電磁波の量がはるかに多くなります.LL3を使用せずにLSIの電源端子に複数の低インピーダンス損失線路を接続すると,LSIからの電磁波の漏えいを阻止するとともに広帯域にわたって非常に低いインピーダンスの直流電源をLSIに供給することができます[5],[6].

◆参考・引用*文献◆

(1) 遠矢弘和;はじめてのノイズ対策,工業調査会,東京,1999,ISBN4-7693-1170-2 C2055.

(2) Hirokazu Tohya, Noritaka Toya;A Novel Design Methodology of the On-Chip Power Distribution Network Enhancing the Performance and Suppressing EMI of the SoC, ISCAS 2007, pp.889-892, IEEE, 2007.

(3) 遠矢弘和,遠矢紀尚;オンチップインバータが励起する孤立波の電源線路および信号線路上での挙動についての一考察,電子回路研究会資料ECT-09-54, pp.7-12,電気学会,2009年.

(4) 遠矢弘和,遠矢紀尚;スイッチングモード回路の性能向上技術,電子回路研究会資料,ECT-10-88, pp.19-24,電気学会,2010年.

(5) Hirokazu Tohya and Noritaka Toya;Novel Design Concept and technologies of the Switching Mode Circuit based on the Electromagnetic Wave theory and the Nonlinear Undulation theory, TENCON2010, pp.1135-1140, IEEE, 2010.

(6) Hirokazu Tohya and Noritaka Toya;Solitary Electromagnetic Waves Generated by the Switching Mode Circuit, INTECH open access publisher, Behaviour of Electromagnetic Waves in Different Media and Structures, pp.249-274, 2011.
http://cdn.intechweb.org/pdfs/15930.pdf

電磁干渉問題が難解である世界共通の理由

参考文献(1)を執筆後，研究に取り組む中で以下の事実に気づきました．

① 交流回路理論やこの理論に基づくSPICEは電磁干渉問題を扱えない

マイクロ工学で使用される分布定数回路理論では導体中の電流は準光速で進行するとされていますが，導体中の電流の進行速度は1mm/sに満たないことが量子物理学者のGeorge Gamowによって1947年に明らかにされ，この電流を電磁気学では定常電流と呼んでいます．従って，この定常電流による解析では，静電磁界解析のみ可能であって，電磁波が原因である電磁干渉問題を解析することは不可能です．

② スイッチング・モード回路における電磁波発生メカニズムはアナログ回路と異なる

アナログ回路では，発生する電磁波は連続する線形電磁波です．一方，スイッチング・モード回路での電気の変化はスイッチング素子がON/OFFに切り替わる瞬間だけの，波形が一定な非線形電磁波になります．

③ スイッチング・モード回路の電磁干渉解析にはマクスウェルの電磁波理論は使えない

マクスウェルの電磁波理論は線形波動物理学に従っているため，これより高次の微分方程式で表される非線形波動に対応できません．

④ フーリエ逆変換は数学上の意味でしかなく，物理学理論の不備を補うことはできない

スイッチング波形を模擬的に表される台形波をフーリエ変換すると偶数次の高調波は現れませんが，スイッチング・モード回路で構成される装置からの放射電磁波には多くの偶数次の高調波が含まれています．

また，ディジタル信号電圧波形をフーリエ変換して得られる定常値は平均値の一つだけです．タイミングがランダムに変化する信号電圧波形をフーリエ変換することは事実上不可能です．

さらに，電磁理論に従うと電界と磁界の波形は同一でなければなりませんが，電圧波形をフーリエ変換して得られる電磁波とされるスペクトラムと電流波形をフーリエ変換して得られる電磁波とされるスペクトラムとは全く異なります．

⑤ デカップリングコンデンサは電磁波に有効に作用しない

電磁干渉対策の主役とされるコンデンサは，線路の電流または電磁波の進行する方向に並列に接続されます．この場合のコンデンサには充放電作用のみが生じ，変位電流の透過作用は生じ得ません．線路に並列に接続されたコンデンサが電磁波に対する一定のデカップリング性能を有するように見えるのはコンデンサの作用ではなく，メーカーが測定用基板として共通に使用しているコプレーナ導波路の電磁波を，コンデンサという物材が遮るためであることが，筆者らの実験で確認されています．

⑥ 放射電磁妨害の主原因はコモン・モード電流であると誤解されている

1mm/sに満たない速度のノーマル電流やこれから分流するコモン・モード電流では，光速で進む電磁波の作用を説明することは物理学上不可能です．

放射電磁妨害の原因は，スイッチング・モード回路に存在する電磁波そのものです．電源線路に存在する膨大な量の電磁波の一部が直接電源供給配線に漏れ出るものが支配的であって，その他に電源線路に存在する膨大な量の電磁波の一部が信号線路に漏れ出るものと，多くはないが信号線路に存在する信号形成電磁波の一部が漏れ出るものが存在することが，筆者らの長年の研究によって明らかになっています．

---

(7) Hirokazu Tohya : Switching Mode Circuit Analysis and Design- Innovative methodology by novel solitary electromagnetic wave theory-, 1st ed; Bentham Science Publishers, Oak Park, USA, 2018, ISBN-10: 1608056791, ISBN-13: 978-1608056798.

(8) Hirokazu Tohya and Noritaka Toya : Novel Technologies for Design and Analysis of Switching Mode Power - Supply Circuit Based on Solitary Electromagnetic Wave Theory, ISRN Power Engineering, vol.2014, Article ID 726529, p.15, 2014.
http://www.hindawi.com/journals/isrn.power.engineering/2014/726529/

(9) 川西健次：電磁気学, p.263, コロナ社, 1964年.

(10) Hirokazu Tohya and Noritaka Toya : Solitary Electromagnetic Wave Theory with Its Development Process and Application. American Institute of Science. Public Science Framework. Physics Journal, 2016, 2(3), No.3, 151-175. http://www.aiscience.org/journal/paperInfo/pj?paperId=2189.

(11) Hirokazu Tohya; Noritaka Toya; Lossy Line Technologies for Digital Circuit Based on Solitary Electromagnetic Wave Theory. ITS - Open Access Publishing, Volume 3, Issue 4, 2020, ISSN: 2664-0821, DOI: https://doi.org/10.31058/j.ap.2020.34001, PP: 1-23, Pub. Date: Aug 11, 2020, http://www.itspoa.com//UploadFiles/2020-08/369/202008112023513438.pdf.

とおや・ひろかず　（株）アイキャスト・工学博士

第3章　量産ボード事例

実際の製品の中をのぞいてノウハウを知る
編集部

　ここでは，実際の製品に搭載されているさまざまなボード[注1]（部品が実装されているプリント基板）を紹介した記事をまとめています．信号の効率的な流れだけでなく，ノイズや熱などの問題が考慮されているボードを見ることは，プリント基板の設計を行う上で大いに参考になるでしょう．また，使用している部品を知ることも，機器設計の中では役に立ちます．

　本書付属CD-ROMにPDFで収録した量産ボード事例に関する記事の一覧を表1に示します．

注1　部品実装前のプリント板を「プリント配線板」，「ベア・ボード」，「PWB（Printed Wiring Board）」と呼び，部品実装後のプリント板を「プリント回路基板」や「PCB（Printed Circuit Board）」，「ボード」と呼びます．「プリント基板」という言葉は，「プリント配線板」としても「プリント回路基板」としても使われています．本書収録のPDF記事は，主として回路設計者向けのため，これらの言葉は厳密に使い分けられていないことがあります．

表1　量産ボード事例に関する記事の一覧（複数に分類される記事は，他の章で概要を紹介している場合がある）

記事タイトル	掲載号	ページ数	PDFファイル名
世界最小！ 0.85インチ・ハード・ディスクに見る高密度実装技術	Design Wave Magazine 2007年2月号	3	dw2007_02_052.pdf
プリント基板の製造工程	Design Wave Magazine 2007年2月号	4	dw2007_02_055.pdf
プリント基板，小型化・高密度化へのテクニック7連発	Design Wave Magazine 2007年2月号	9	dw2007_02_059.pdf
製造容易性や機械的信頼性が高いプリント基板の設計テクニック11連発	Design Wave Magazine 2007年2月号	8	dw2007_02_068.pdf
FPGA周りの配線テクニック9連発	Design Wave Magazine 2007年2月号	10	dw2007_02_082.pdf
業務用ビデオ・ゲーム機のハードウェア設計思想	Design Wave Magazine 2008年8月号	5	dw2008_08_076.pdf
絶縁抵抗計	トランジスタ技術 2001年1月号	3	2001_01_196.pdf
ディジタル携帯電話機	トランジスタ技術 2001年2月号	3	2001_02_185.pdf
PHSデータ通信モジュール内蔵ノート・パソコン	トランジスタ技術 2001年2月号	3	2001_02_188.pdf
ディジタル・スチル・カメラ	トランジスタ技術 2001年3月号	3	2001_03_192.pdf
MDプレーヤ	トランジスタ技術 2001年4月号	3	2001_04_201.pdf
バイポーラ電源	トランジスタ技術 2001年4月号	3	2001_04_204.pdf
BSディジタル・チューナ	トランジスタ技術 2001年5月号	3	2001_05_161.pdf
電動アシスト自転車	トランジスタ技術 2001年5月号	3	2001_05_164.pdf
DVD-RAMドライブ	トランジスタ技術 2001年6月号	3	2001_06_169.pdf
USBディジタル・オーディオ・インターフェース	トランジスタ技術 2001年6月号	3	2001_06_172.pdf

記事タイトル	掲載号	ページ数	PDFファイル名
ADSLモデム	トランジスタ技術 2001年7月号	3	2001_07_177.pdf
カラー液晶プロジェクタ	トランジスタ技術 2001年7月号	3	2001_07_180.pdf
IEEE802.11b無線LAN用PCカード	トランジスタ技術 2001年8月号	3	2001_08_161.pdf
電子レンジ	トランジスタ技術 2001年8月号	3	2001_08_164.pdf
オーディオ・アナライザ	トランジスタ技術 2001年9月号	3	2001_09_148.pdf
ETC車載器	トランジスタ技術 2001年10月号	3	2001_10_153.pdf
Lモード対応ファクシミリ	トランジスタ技術 2001年10月号	3	2001_10_156.pdf
BSディジタル・チューナ	トランジスタ技術 2001年11月号	3	2001_11_172.pdf
ディジタル・オシロスコープ	トランジスタ技術 2001年12月号	3	2001_12_140.pdf
カメラ付き携帯電話	トランジスタ技術 2002年1月号	3	2002_01_144.pdf
無線LAN内蔵ノート・パソコン	トランジスタ技術 2002年2月号	3	2002_02_140.pdf
ブロードバンド無線ルータ	トランジスタ技術 2002年3月号	3	2002_03_140.pdf
5.1チャネルDVDシステム	トランジスタ技術 2002年4月号	3	2002_04_140.pdf
空気清浄機	トランジスタ技術 2002年5月号	3	2002_05_116.pdf
Gビット・イーサネット・ハブ	トランジスタ技術 2002年6月号	3	2002_06_124.pdf
ハード・ディスク・ビデオ・レコーダ	トランジスタ技術 2002年7月号	3	2002_07_134.pdf
HDDカー・ナビゲーション・システム	トランジスタ技術 2002年8月号	3	2002_08_140.pdf
ディジタル複合コピー機	トランジスタ技術 2002年9月号	3	2002_09_116.pdf
電子辞書	トランジスタ技術 2002年10月号	3	2002_10_128.pdf
アナログ・ストレージ・オシロスコープ	トランジスタ技術 2002年11月号	3	2002_11_120.pdf
ハイブリッド自動車用インバータ	トランジスタ技術 2002年12月号	3	2002_12_126.pdf
ディジタル一眼レフ・カメラ	トランジスタ技術 2003年1月号	3	2003_01_124.pdf
HDD内蔵DVDビデオ・レコーダ	トランジスタ技術 2003年2月号	3	2003_02_116.pdf
高電圧可変スイッチング電源	トランジスタ技術 2003年3月号	3	2003_03_128.pdf
2バンド無線LANアクセス・ポイント	トランジスタ技術 2003年4月号	3	2003_04_124.pdf
IHクッキング・ヒータ	トランジスタ技術 2003年5月号	3	2003_05_104.pdf
クロック・シンセサイザ	トランジスタ技術 2003年6月号	3	2003_06_116.pdf
GPS対応のカラーLCD魚群探知機	トランジスタ技術 2003年7月号	3	2003_07_116.pdf
1kWアンプ内蔵サブウーファ	トランジスタ技術 2003年8月号	3	2003_08_124.pdf
ハンディ・スペクトラム・アナライザ	トランジスタ技術 2003年9月号	3	2003_09_116.pdf
缶びん飲料 自動販売機	トランジスタ技術 2003年10月号	3	2003_10_108.pdf
カメラ&録音再生機能付きPDA	トランジスタ技術 2003年11月号	3	2003_11_114.pdf
ビデオ配信表示セット・トップ・ボックス	トランジスタ技術 2003年12月号	3	2003_12_118.pdf
ファンクション/任意波形ジェネレータ	トランジスタ技術 2004年1月号	4	2004_01_099.pdf
カラー・レーザ・プリンタ	トランジスタ技術 2004年2月号	4	2004_02_107.pdf
USB接続の小型計測器	トランジスタ技術 2004年3月号	4	2004_03_115.pdf
1眼レフ・タイプのディジタル・スチル・カメラ D70	トランジスタ技術 2004年11月号	4	2004_11_285.pdf
受信機の製作	トランジスタ技術 2006年4月号	8	2006_04_254.pdf
オシロスコープのしくみ	トランジスタ技術 2007年5月号	8	2007_05_185.pdf
地上ディジタル放送受信機のしくみ	トランジスタ技術 2008年11月号	4	2008_11_108.pdf

業務用ビデオ・ゲーム機のハードウェア設計思想

（Design Wave Magazine 2008年8月号）　5ページ

「インベーダーゲーム」時代の業務用ビデオ・ゲーム機で用いられていたハードウェアのアーキテクチャについて解説しています．記事の中では1980年代と2000年代のビデオ・ゲーム機のボードが示されています（写真1）．

EMC対策についても触れられています．

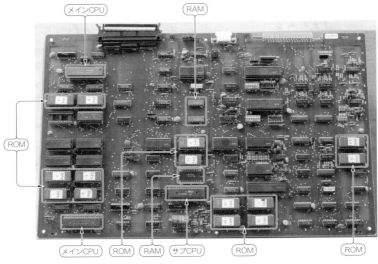

写真1　1980年代のビデオ・ゲーム機のボード

特集1 実装で失敗しないための基板設計術39連発！

（Design Wave Magazine 2007年2月号）　全34ページ

- 世界最小！ 0.85インチ・ハード・ディスクに見る高密度実装技術（3ページ）

24mm×32mm×5mmという外形の0.85インチ・ハード・ディスクで用いられている高密度実装技術についての解説です．メイン・ボードやヘッド部の実装事例のほか，メイン・ボードの製造方法なども紹介されています（写真2）．

- プリント基板の製造工程（4ページ）

ボードの設計・製造工程についての解説です．ベア・ボードに部品を実装する工程が，多くの写真によって説明されています（写真3）．

- プリント基板，小型化・高密度化へのテクニック7連発（9ページ）

小型化する部品を活用したり，進化するプリント配線板の技術を活用したりして，プリント基板を小型化する方法の解説です．

- 製造容易性や機械的信頼性が高いプリント基板の設計テクニック11連発（8ページ）

ボードの信頼性を高めるために必要な製造容易性や機械的信頼性についての解説です．

- FPGA周りの配線テクニック9連発（10ページ）

高速シリアル信号やDDRメモリ・インターフェースなどの信号の扱い方や，多系統の電源の配線などについてのテクニックが紹介されています．

写真2
0.85インチ・ハード・ディスクの実装技術

写真3　ベア・ボードへの部品の実装

実装技術館

（トランジスタ技術 2001年1月号～2004年3月号）

全117ページ

実際の製品に組み込まれているプリント基板を，大きな写真で紹介した連載です（写真4）．

- 絶縁抵抗計
  （2001年1月号，3ページ）
- PHSデータ通信モジュール内蔵ノート・パソコン
  （2001年2月号，3ページ）
- ディジタル・スチル・カメラ
  （2001年3月号，3ページ）
- バイポーラ電源
  （2001年4月号，3ページ）
- 電動アシスト自転車
  （2001年5月号，3ページ）
- USBディジタル・オーディオ・インターフェース（2001年6月号，3ページ）
- カラー液晶プロジェクタ
  （2001年7月号，3ページ）
- 電子レンジ
  （2001年8月号，3ページ）

(a) 電子レンジ

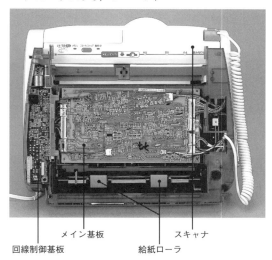

(b) Lモード対応ファクシミリ

(c) 5.1チャネルDVDシステム

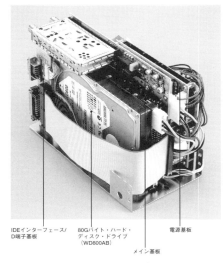

(d) ハード・ディスク・ビデオ・レコーダ

写真4　実装技術館で取り上げられた実装事例

- オーディオ・アナライザ
  （2001年9月号，3ページ）
- Lモード対応ファクシミリ
  （2001年10月号，3ページ）
- BSディジタル・チューナ
  （2001年11月号，3ページ）
- ディジタル・オシロスコープ
  （2001年12月号，3ページ）
- カメラ付き携帯電話
  （2002年1月号，3ページ）
- 無線LAN内蔵ノート・パソコン
  （2002年2月号，3ページ）
- ブロードバンド無線ルータ
  （2002年3月号，3ページ）
- 5.1チャネルDVDシステム
  （2002年4月号，3ページ）
- 空気清浄機
  （2002年5月号，3ページ）
- Gビット・イーサネット・ハブ
  （2002年6月号，3ページ）

（e）空気清浄機

（f）ディジタル複合コピー機

写真4　実装技術館で取り上げられた実装事例（つづき）

- ハード・ディスク・ビデオ・レコーダ
 （2002年7月号，3ページ）
- HDDカー・ナビゲーション・システム
 （2002年8月号，3ページ）
- ディジタル複合コピー機
 （2002年9月号，3ページ）
- 電子辞書
 （2002年10月号，3ページ）
- アナログ・ストレージ・オシロスコープ
 （2002年11月号，3ページ）
- ハイブリッド自動車用インバータ
 （2002年12月号，3ページ）
- ディジタル一眼レフ・カメラ
 （2003年1月号，3ページ）

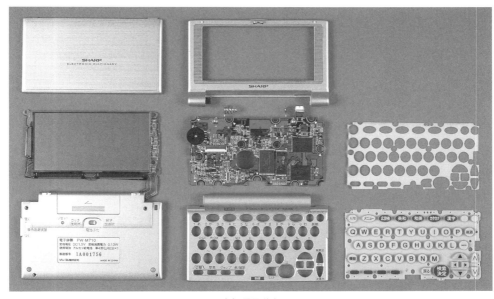

（g）電子辞書

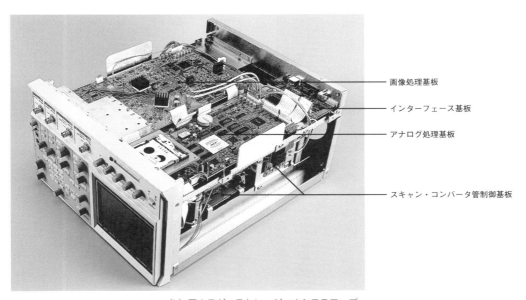

（h）アナログ・ストレージ・オシロスコープ

- HDD内蔵DVDビデオ・レコーダ
  （2003年2月号，3ページ）
- 高電圧可変スイッチング電源
  （2003年3月号，3ページ）
- 2バンド無線LANアクセス・ポイント
  （2003年4月号，3ページ）
- IHクッキング・ヒータ
  （2003年5月号，3ページ）
- クロック・シンセサイザ
  （2003年6月号，3ページ）
- GPS対応のカラーLCD魚群探知機
  （2003年7月号，3ページ）
- 1kWアンプ内蔵サブウーファ
  （2003年8月号，3ページ）
- ハンディ・スペクトラム・アナライザ
  （2003年9月号，3ページ）
- 缶びん飲料 自動販売機
  （2003年10月号，3ページ）
- カメラ＆録音再生機能付きPDA
  （2003年11月号，3ページ）
- ビデオ配信表示セット・トップ・ボックス
  （2003年12月号，3ページ）
- ファンクション/任意波形ジェネレータ
  （2004年1月号，4ページ）
- カラー・レーザ・プリンタ
  （2004年2月号，4ページ）
- USB接続の小型計測器
  （2004年3月号，4ページ）

（i）ディジタル一眼レフ・カメラ

（j）IHクッキング・ヒータ

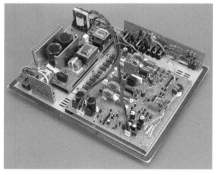

（k）1kWアンプ内蔵サブウーファ

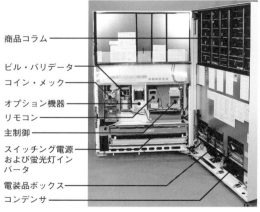

（l）缶びん飲料 自動販売機

写真4　実装技術館で取り上げられた実装事例（つづき）

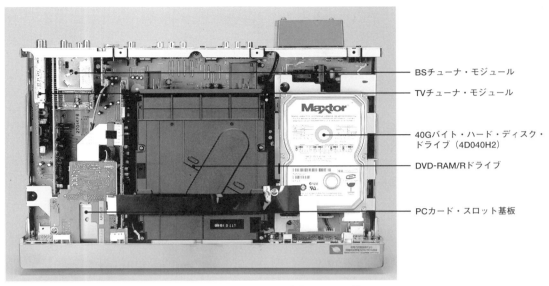

(m) HDD内蔵DVDビデオ・レコーダ

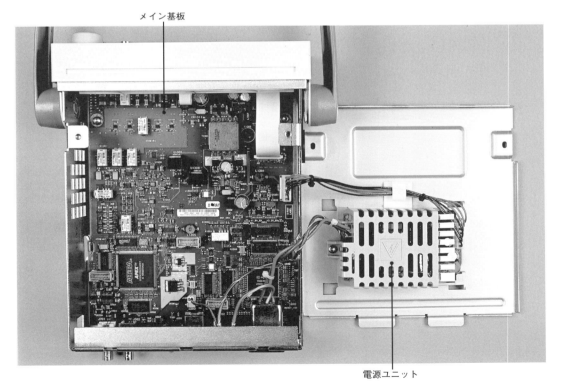

(n) ファンクション/任意波形ジェネレータ

Inside Electronics

（トランジスタ技術 2001年2月号～2001年10月号）

全21ページ

実際の製品の設計技術を，内部ブロック図やプリント基板の写真などを用いながら解説した連載です（写真5）．

- ディジタル携帯電話機
  （2001年2月号，3ページ）
- MDプレーヤ
  （2001年4月号，3ページ）
- BSディジタル・チューナ
  （2001年5月号，3ページ）
- DVD-RAMドライブ
  （2001年6月号，3ページ）
- ADSLモデム
  （2001年7月号，3ページ）
- IEEE802.11b無線LAN用PCカード
  （2001年8月号，3ページ）
- ETC車載器
  （2001年10月号，3ページ）

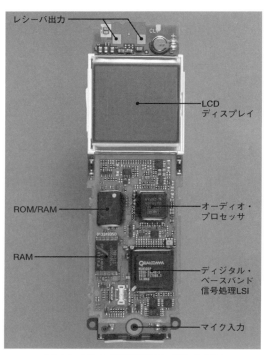

(a) ディジタル携帯電話機のプリント基板

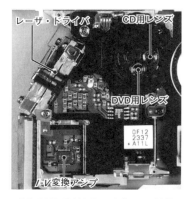

(c) DVD-RAMドライブのヘッド部

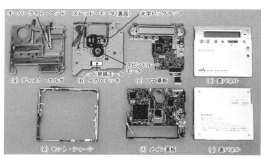

(b) MDプレーヤを構成する部品

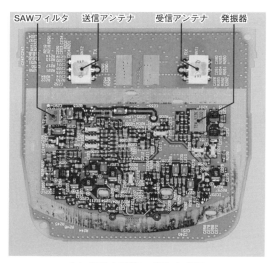

(d) ETC車載器のプリント基板

写真5 Inside Electronicsで取り上げられた実装事例

1眼レフ・タイプの ディジタル・スチル・カメラ D70

（トランジスタ技術 2004年11月号） 4ページ

　市販されている1眼レフ・ディジタル・スチル・カメラの回路構成や基板構成の解説です．カメラを構成する多くのボードの写真が示されています（**写真6**）．数多くの基板が連係して動作しており，その動作順序についての説明もあります．

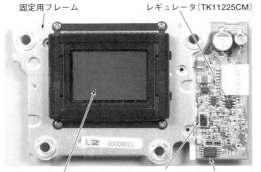

写真6　1眼レフ・ディジタル・スチル・カメラの撮像基板

受信機の製作

（トランジスタ技術 2006年4月号） 8ページ

　微弱電波を使ったワイヤレス・データ通信機の実験・製作記事です．部品の配置や配線の長さによって特性が大きく変わってしまう高周波回路について，市販のピッチ変換基板を使って製作する方法の説明があります（**写真7**）．EMI対策についても触れられています．

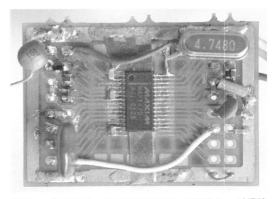

写真7　市販のピッチ変換基板を使って製作した受信機

オシロスコープのしくみ

（トランジスタ技術 2007年5月号） 8ページ

　ブラウン管を使用したアナログ・オシロスコープを例に，観測した信号が表示されるしくみについて解説しています．オシロスコープのボード写真があります（**写真8**）．

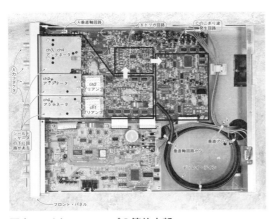

写真8　オシロスコープの筐体内部

地上ディジタル放送受信機の しくみ

（トランジスタ技術 2008年11月号） 4ページ

　地上デジタル放送の規格やデジタル放送受信機で求められる内部処理について解説しています．市販のデジタル放送受信機のボード写真もあります（**写真9**）．

写真9　地上デジタル放送受信機のチューナ回路基板

第4章 プリント基板設計技術

設計ツールの使い方と配線テクニック
編集部

　ここでは，プリント基板の設計技術について解説している記事をまとめています．プリント基板のパターン設計（アートワーク）だけでなく，プリント基板の構造や材料による特性の違い，安全規格などの解説や，シミュレーションの活用事例などもあります．

　雑誌では，特集や連載の企画として取り上げられることが多いテーマだったため，特集や連載記事については，記事ごとではなく，全体をひとまとまりにして紹介しています．

　本書付属CD-ROMにPDFで収録したプリント基板設計技術に関する記事の一覧を表1に示します．

表1　プリント基板設計技術に関する記事の一覧（複数に分類される記事は，他の章で概要を紹介している場合がある）

記事タイトル	掲載号	ページ数	PDFファイル名
実装とプリント・パターン設計	トランジスタ技術 2003年3月号	8	2003_03_227.pdf
実録！目で見るプリント配線板の製造工程	トランジスタ技術 2003年6月号	3	2003_06_120.pdf
プリント配線板の基礎知識	トランジスタ技術 2003年6月号	6	2003_06_123.pdf
プリント配線板の安全規格	トランジスタ技術 2003年6月号	2	2003_06_128.pdf
プリント配線板の用語解説	トランジスタ技術 2003年6月号	1	2003_06_130.pdf
PCB CADを使いこなせ！22のアドバイス	トランジスタ技術 2003年6月号	12	2003_06_131.pdf
パワー回路基板設計の鉄則10か条	トランジスタ技術 2003年6月号	9	2003_06_169.pdf
高速ディジタル回路基板の設計ポイント	トランジスタ技術 2003年6月号	13	2003_06_178.pdf
高周波用プリント基板の設計ポイント	トランジスタ技術 2003年6月号	10	2003_06_191.pdf
高周波の基礎の基礎	トランジスタ技術 2003年11月号	12	2003_11_127.pdf
第2の部品「伝送線路」のふるまい	トランジスタ技術 2003年11月号	4	2003_11_141.pdf
基板に作り込むアンテナのシミュレーション	トランジスタ技術 2003年11月号	6	2003_11_190.pdf
プリント基板 設計便利帳	トランジスタ技術 2004年10月号	8	2004_10_211.pdf
電子回路の性能は配線で決まる	トランジスタ技術 2005年6月号	4	2005_06_108.pdf
基板を意識した回路図を描こう！	トランジスタ技術 2005年6月号	8	2005_06_112.pdf
プリント・パターンを描く基本テクニック	トランジスタ技術 2005年6月号	11	2005_06_120.pdf
電源のグラウンドの配線テクニック	トランジスタ技術 2005年6月号	9	2005_06_131.pdf
マイコン周辺回路の配線実例集	トランジスタ技術 2005年6月号	5	2005_06_140.pdf
オーディオ回路の配線実例集	トランジスタ技術 2005年6月号	9	2005_06_145.pdf
ビデオ応用回路の配線実例集	トランジスタ技術 2005年6月号	10	2005_06_154.pdf
アナログ回路の配線実例集	トランジスタ技術 2005年6月号	6	2005_06_164.pdf
広帯域&高周波回路の配線実例集	トランジスタ技術 2005年6月号	6	2005_06_170.pdf
電源&パワー回路の配線実例集	トランジスタ技術 2005年6月号	5	2005_06_176.pdf
ディジタル回路の配線実例集	トランジスタ技術 2005年6月号	8	2005_06_181.pdf
付録のCADツールでプリント基板設計を体験！	トランジスタ技術 2007年6月号	3	2007_06_096.pdf
プリント基板を構成するパーツの呼称	トランジスタ技術 2007年6月号	3	2007_06_099.pdf
プリント基板の種類と特徴	トランジスタ技術 2007年6月号	8	2007_06_102.pdf
部品のレイアウトとパターン設計の基本	トランジスタ技術 2007年6月号	13	2007_06_110.pdf
STEP1 プリント基板に作り込むターゲット回路の詳細	トランジスタ技術 2007年6月号	6	2007_06_123.pdf
STEP2 回路図用の部品シンボルとライブラリの作成	トランジスタ技術 2007年6月号	6	2007_06_129.pdf
STEP3 回路図とPCB部品データの作成	トランジスタ技術 2007年6月号	8	2007_06_135.pdf

記事タイトル	掲載号	ページ数	PDFファイル名
STEP4 部品をレイアウトしパターンを描く	トランジスタ技術 2007年6月号	16	2007_06_143.pdf
STEP5 プリント基板の発注と部品の実装	トランジスタ技術 2007年6月号	8	2007_06_159.pdf
プリント基板CADのインストールと起動方法	トランジスタ技術 2007年6月号	2	2007_06_167.pdf
BGAパッケージの配線術	トランジスタ技術 2010年5月号	9	2010_05_194.pdf
プリント基板の設計	トランジスタ技術 2010年6月号	6	2010_06_134.pdf
エンジニア応援企画 ミッション3…きちんと動く基板づくりをバックアップ！	トランジスタ技術 2010年7月号	5	2010_07_060.pdf
チェックリストでディジタル基板を一発で動かす	トランジスタ技術 2010年7月号	1	2010_07_065.pdf
高速化するディジタル信号の配線技術	トランジスタ技術 2010年7月号	10	2010_07_066.pdf
発熱＆ノイズ源「電源」の回路検討と配線術	トランジスタ技術 2010年7月号	8	2010_07_076.pdf
表面実装部品による試作基板づくりと手直し	トランジスタ技術 2010年7月号	13	2010_07_084.pdf
納品された実装済みプリント基板の外観チェック	トランジスタ技術 2010年7月号	5	2010_07_111.pdf
電源投入と基本動作OK/NGのチェック	トランジスタ技術 2010年7月号	7	2010_07_116.pdf
オシロスコープによる高速ディジタル基板診断術	トランジスタ技術 2010年7月号	5	2010_07_123.pdf
BGAパッケージの接続状態を調べるJTAGデバッガ	トランジスタ技術 2010年7月号	3	2010_07_128.pdf
ユニバーサル基板でも美しい試作を！「横開ランド連結配線導体」	トランジスタ技術 2010年7月号	2	2010_07_131.pdf
試作基板ができるまで	トランジスタ技術 2010年7月号	6	2010_07_133.pdf
回路設計者に必要な「プリント基板設計の基礎知識」	Design Wave Magazine 2001年6月号	16	dw2001_06_028.pdf
高速ディジタル・ボードのシグナル・インテグリティ対策とEMI対策	Design Wave Magazine 2001年6月号	10	dw2001_06_044.pdf
LSIの製法をボードに応用したビルドアップ配線板の動向	Design Wave Magazine 2001年6月号	9	dw2001_06_054.pdf
LSIとボードのコデザインを考える	Design Wave Magazine 2001年6月号	9	dw2001_06_063.pdf
高速ディジタル・ボード＆LSI設計の落とし穴	Design Wave Magazine 2001年6月号	16	dw2001_06_072.pdf
"基板材質"の違いのわかる機器設計者になろう	Design Wave Magazine 2001年10月号	11	dw2001_10_087.pdf
フレッシャーズのためのボード設計講座	Design Wave Magazine 2002年4月号	7	dw2002_04_059.pdf
プリント配線板の最新技術をどう活用するか	Design Wave Magazine 2002年12月号	8	dw2002_12_096.pdf
これがプリント基板の製造＆設計工程だ！	Design Wave Magazine 2003年6月号	12	dw2003_06_020.pdf
プリント基板の設計ルール	Design Wave Magazine 2003年6月号	11	dw2003_06_040.pdf
統合型プリント基板CADツールの運用方法	Design Wave Magazine 2003年6月号	16	dw2003_06_051.pdf
プリント基板の構造と安全規格	Design Wave Magazine 2003年6月号	10	dw2003_06_067.pdf
ビルドアップ基板の生産額が多層板全体の27.2%に	Design Wave Magazine 2003年8月号	9	dw2003_08_110.pdf
回路設計者のためのプリント基板Q＆A	Design Wave Magazine 2004年1月号	8	dw2004_01_035.pdf
非貫通ビア基板の活用技術	Design Wave Magazine 2004年1月号	8	dw2004_01_043.pdf
多ピンBGAの省スペース実装事例	Design Wave Magazine 2004年1月号	4	dw2004_01_051.pdf
マルチエンジニアになろう	Design Wave Magazine 2004年4月号	12	dw2004_04_108.pdf
プリント基板設計を始めるにあたっての検討事項	Design Wave Magazine 2004年6月号	4	dw2004_06_036.pdf
ディジタル・パワー・アンプ基板の設計・製作事例	Design Wave Magazine 2004年6月号	25	dw2004_06_040.pdf
ボード設計トラブル・シューティング25連発！	Design Wave Magazine 2004年6月号	36	dw2004_06_065.pdf
プリント基板開発を体験する	Design Wave Magazine 2005年4月号	21	dw2005_04_039.pdf
ボード設計の世界へようこそ！	Design Wave Magazine 2005年6月号	9	dw2005_06_020.pdf
シミュレーションと現実世界の違いを理解する	Design Wave Magazine 2005年6月号	6	dw2005_06_035.pdf
ボード設計の現場でぶつかる「ことば」を理解する	Design Wave Magazine 2005年6月号	7	dw2005_06_050.pdf
これがプリント基板の組み立て工程だ！	Design Wave Magazine 2006年5月号	7	dw2006_05_092.pdf
もの作りの心構えとボード設計の実際	Design Wave Magazine 2006年5月号	10	dw2006_05_099.pdf
プリント基板の製造工程	Design Wave Magazine 2007年2月号	4	dw2007_02_055.pdf
プリント基板．小型化・高密度化へのテクニック7連発	Design Wave Magazine 2007年2月号	9	dw2007_02_059.pdf
製造容易性や機械的信頼性が高いプリント基板の設計テクニック11連発	Design Wave Magazine 2007年2月号	8	dw2007_02_068.pdf
多層基板活用のススメ	Design Wave Magazine 2007年6月号	10	dw2007_06_028.pdf
小規模な回路で4層基板設計を体験する	Design Wave Magazine 2007年6月号	14	dw2007_06_038.pdf
USB対応オーディオ入出力アダプタの動作説明	Design Wave Magazine 2007年6月号	2	dw2007_06_052.pdf
BGAパッケージ周りの配線設計の勘どころ	Design Wave Magazine 2007年6月号	9	dw2007_06_054.pdf
BGAパッケージからの配線引き出しを体験する	Design Wave Magazine 2007年6月号	13	dw2007_06_063.pdf
多層プリント配線板の開発トレンド	Design Wave Magazine 2007年8月号	8	dw2007_08_108.pdf
差動伝送線路の基礎知識	Design Wave Magazine 2009年1月号	11	dw2009_01_024.pdf
シミュレーションで学ぶ伝送線路	Design Wave Magazine 2009年1月号	7	dw2009_01_035.pdf
LVDSに詳しくなれる11のノウハウ	Design Wave Magazine 2009年1月号	7	dw2009_01_042.pdf
波形で見るコモン・モード・チョーク・コイルの効果	Design Wave Magazine 2009年1月号	5	dw2009_01_082.pdf

特集 PCBとLSIと回路をコデザイン！

(Design Wave Magazine 2001年6月号)　　　　　　　全60ページ

- 回路設計者に必要な「プリント基板設計の基礎知識」(16ページ)

LSIや電子機器の回路を設計している技術者に向けたプリント基板設計の解説記事です．機器開発におけるプリント基板設計の位置づけや具体的な設計の流れについて解説しています（図1）．さまざまな部門との間で連携を行う際の問題を回避するための「ルール・ドリブン手法」がベースになっています．

- 高速ディジタル・ボードのシグナル・インテグリティ対策とEMI対策(10ページ)

数十MHz以上のクロックで動作するボードを設計する際の問題として，シグナル・インテグリティや放射ノイズについて解説しています．

- LSIの製法をボードに応用したビルドアップ配線板の動向(9ページ)

高密度実装で用いられるビルドアップ配線板の動向を解説しています．ビルドアップ配線板の構造のほか，インピーダンス制御やクロストーク・ノイズの問題への解決策も示されています（図2）．

- LSIとボードのコデザインを考える(9ページ)

ASICなどのカスタムLSIを用いた機器を設計する際の，LSI設計とボード設計にまたがる問題と解決策について解説しています（図3）．

- 高速ディジタル・ボード＆LSI設計の落とし穴(16ページ)

高速ディジタル回路における問題の原因を，回路理論から説明しています．これまでの回路設計理論の問題点と，それを解決する新しい回路理論について紹介しています．

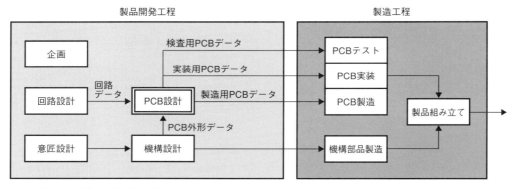

図1　プリント基板設計の位置づけ

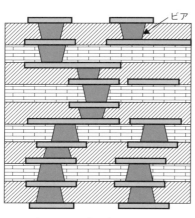

図2　ビルドアップ配線板の構造

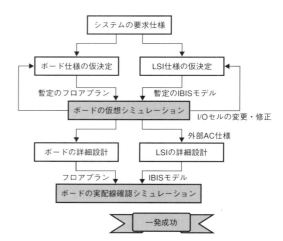

図3　LSIとボードの協調設計

特集 はじめてのプリント基板設計

（トランジスタ技術 2003年6月号）

全56ページ

プリント基板設計の基礎知識と，回路の特徴ごとの設計テクニックを解説しています．

- 実録！目で見るプリント配線板の製造工程（3ページ）

両面プリント配線板と多層プリント配線板の製造工程を多くの写真で説明しています（**写真1**）．

- プリント配線板の基礎知識（6ページ）

プリント配線板の材料や構造について解説しています．

- プリント配線板の安全規格（2ページ）

導体パターンの間隔に関する，日本の電気安全法や海外の規格に関して紹介しています．

- プリント配線板の用語解説（1ページ）

プリント配線板に独特な用語がまとめられています．

- PCB CADを使いこなせ！22のアドバイス（12ページ）

プリント基板設計ツールを使うに当たって，基板設計の心得や各種パラメータ設定時のチェック・ポイント，ガーバ・データ作成時のチェック・ポイントなどがまとめられています．

- パワー回路基板設計の鉄則10か条（9ページ）

パワー回路基板を設計する上でのポイントの解説と，フライバック方式のスイッチング電源基板の設計例（**図4**）．

- 高速ディジタル回路基板の設計ポイント（13ページ）

高速ディジタル回路基板を設計する上でのポイントを解説し，それらを実験によって確認しています．

- 高周波用プリント基板の設計ポイント（10ページ）

高周波回路基板を設計する上でのポイントについてまとめた後，プリント・パターンの長さやビアが信号特性に与える影響を説明しています（**図5**）．

  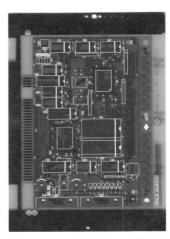

（a）エッチング後　　（b）レジスト塗布後（はんだ付け不要部分をソルダ・レジストで覆った状態）　　（c）マーキング後（部品マークを印刷した状態）

写真1　プリント配線板の製造工程

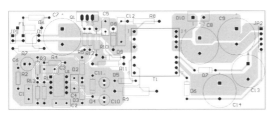

図4　スイッチング電源基板

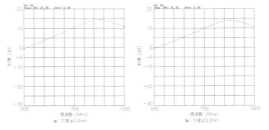

図5　グラウンド・ビア径の違いによる特性の違い

特集 プリント基板の配線術＆実例集

(トランジスタ技術 2005年6月号)

全81ページ

プリント基板設計の中でも，部品の配置を決め，配線する作業についてのテクニックについて解説した特集です．回路の特徴別に，具体的な事例も集められています．

- 電子回路の性能は配線で決まる
  (4ページ)

小型基板に周辺回路を拡張する場合において，配線の仕方によっては回路が動作しないことを，以下のような実験により示しています．

① マイコン基板と電源ユニットの間の配線を長くしてみる(写真2)
② デカップリング・コンデンサで電源のノイズ除去を試みる
③ マイコンの入力ポートの配線と出力ポートの配線を平行に走らせる

- 基板を意識した回路図を描こう！
  (8ページ)

プリント基板設計の流れを解説した後，トラブルを起こしにくい回路図の書き方や部品の配置方法を説明しています．

- プリント・パターンを描く基本テクニック
  (11ページ)

プリント基板のパターン設計の際に知っておきたい，回路性能を引き出せるパターンを描くコツを説明しています．

- 電源のグラウンドの配線テクニック
  (9ページ)

電源とグラウンドのパターンの役割や基本的なテクニックについて解説しています．

- マイコン周辺回路の配線実例集
  (5ページ)
- オーディオ回路の配線実例集
  (9ページ)
- ビデオ応用回路の配線実例集
  (10ページ)
- アナログ回路の配線実例集
  (6ページ)
- 広帯域＆高周波回路の配線実例集
  (6ページ)
- 電源＆パワー回路の配線実例集
  (5ページ)
- ディジタル回路の配線実例集
  (8ページ)

回路の特徴別に，数多くのパターン設計事例が集まっています(図6)．

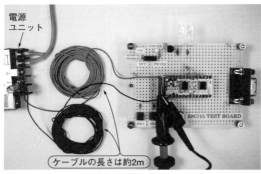

(a) 実験のようす

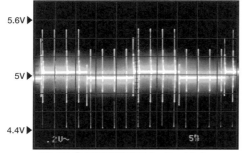

(b) 図1 ❸点の波形(0.2V/div., 5ms/div.)

写真2　電源ユニットからの配線を2mにしてみる

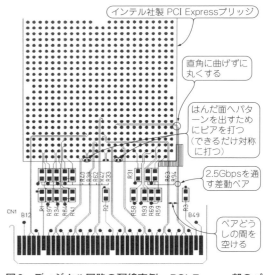

図6　ディジタル回路の配線実例ーPCI Express部のパターン

特集 体験！プリント基板の設計と製作

（トランジスタ技術 2007年6月号）

全73ページ

プリント基板設計ツール「CSiEDA 5.3 体験版」を用いてプリント基板の設計を体験できる構成の特集です．

USBインターフェースのオーディオ入出力アダプタを例題にしています（写真3）．パターン設計だけでなく，プリント基板の発注や部品の実装方法まで説明されています．

- 付録のCADツールでプリント基板設計を体験！（3ページ）
- プリント基板を構成するパーツの呼称（3ページ）
- プリント基板の種類と特徴（8ページ）
- 部品のレイアウトとパターン設計の基本（13ページ）
- STEP1 プリント基板に作り込むターゲット回路の詳細（6ページ）
- STEP2 回路図用の部品シンボルとライブラリの作成（6ページ）
- STEP3 回路図とPCB部品データの作成（8ページ）
- STEP4 部品をレイアウトしパターンを描く（16ページ）
- STEP5 プリント基板の発注と部品の実装（8ページ）
- プリント基板CADのインストールと起動方法（2ページ）

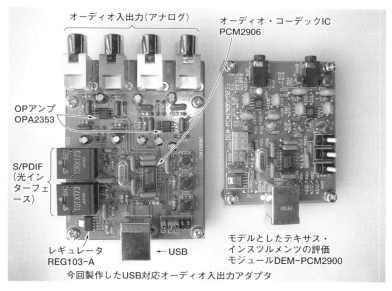
(a) 完成したボード　今回製作したUSB対応オーディオ入出力アダプタ

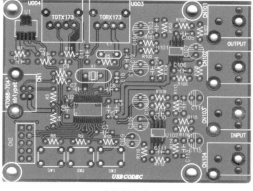
(b) 基板表

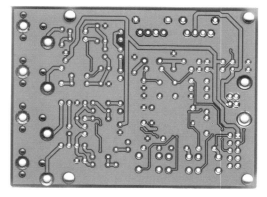
(c) 基板裏

写真3　USBインターフェースのオーディオ入出力アダプタ

特集 保存版 基板づくりチェックリスト

（トランジスタ技術 2010年7月号）　　　　　　　　　　　　　　　　　全65ページ

　プリント基板設計において，ベテラン技術者が実践しているさまざまなテクニックをチェック・リスト・スタイルで解説とともに整理した特集です．

- エンジニア応援企画 ミッション3…きちんと動く基板づくりをバックアップ！（5ページ）
- チェックリストでディジタル基板を一発で動かす（1ページ）

　近年のディジタル回路が，信号をつなぐだけでは正しく動作しなくなっている理由がまとめられています（写真4）．

- 高速化するディジタル信号の配線技術（10ページ）

　ディジタル回路の中でも問題が起きやすい高速な信号を確実に伝達する方法を解説しています．

- 発熱＆ノイズ源「電源」の回路検討と配線術（8ページ）

　電源回路のパターンを最適化する方法を解説しています．

- 表面実装部品による試作基板づくりと手直し（13ページ）

　表面実装部品のはんだ付けや，回路の修正を行う際に必要な道具やテクニックを解説しています．

- 納品された実装済みプリント基板の外観チェック（5ページ）

　部品の実装工程における不良を確実に見つける方法を解説しています．

- 電源投入と基本動作OK/NGのチェック（7ページ）

　基板に電源を投入する際の手順や注意点のほか，基本動作確認としてA-D/D-Aコンバータの動作確認について解説しています．

- オシロスコープによる高速ディジタル基板診断術（5ページ）

　オシロスコープの性能と測定可能な信号の関係を説明しています．また，高速なディジタル信号を計測する方法も解説しています（図7）．

- BGAパッケージの接続状態を調べるJTAGデバッガ（3ページ）

　端子にプローブを当てることのできないBGAパッケージを搭載した基板のテストのために有効な，JTAGバウンダリ・スキャンについての解説です．

- ユニバーサル基板でも美しい試作を！「横開ランド連結配線導体」（2ページ）

　ユニバーサル基板を使った回路製作の際に便利な配線ツールについての紹介です（写真5）．

- 試作基板ができるまで（6ページ）

　回路設計，部品表の作成，配線パターンの設計，製造依頼，実装工程（メタル・マスクの作成，はんだ印刷，部品実装，リフロ），検査などについて，各工程を説明しています．

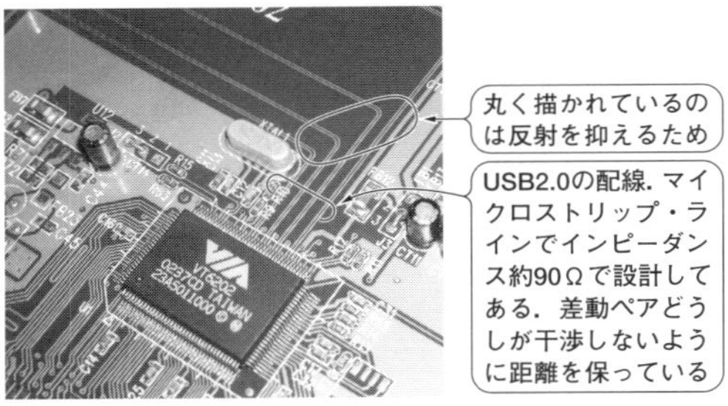

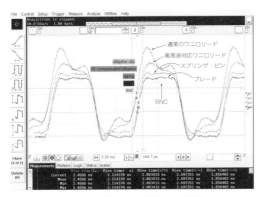

写真4　高速ディジタル信号のパターンの例

図7　オシロスコープによる方形波の観測

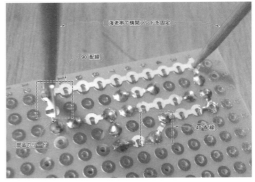

写真5　横開ランド連結配線導体

特集1「ボード設計」で身を立てる！

（Design Wave Magazine 2003年6月号）

全49ページ

プリント基板の設計・製造フローや，プリント基板設計者が理解しておかなければならない設計ルールや基板の構造などを解説した特集です．

- これがプリント基板の製造＆設計工程だ！
  （12ページ）

  プリント配線板(ベア・ボード)の設計・製造工程を多くの図や写真を使って説明しています（図8）．

- プリント基板の設計ルール
  （11ページ）

  プリント基板を設計する際の約束事(設計ルール)についての解説です（図9）．

- 統合型プリント基板CADツールの運用方法
  （16ページ）

  プリント基板設計ツールの概要と，回路設計者がプリント基板設計を外部委託する際の注意点を説明しています．

- プリント基板の構造と安全規格
  （10ページ）

  プリント配線板に関する国内外のさまざまな規格を説明しています．

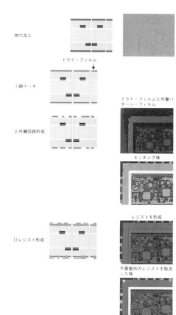

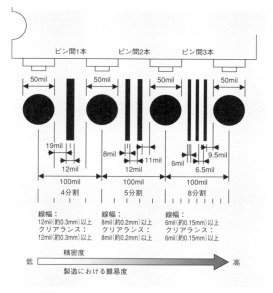

図9　配線パターンの基本ルール

図8　プリント配線板の製造工程

特集1 BGA/CSPパッケージ時代のボード設計術

(Design Wave Magazine 2004年1月号)

全20ページ

大規模LSIでよく使われている多ピンBGAパッケージの実装技術を解説した特集です．

● 回路設計者のためのプリント基板Q&A（8ページ）

LSIの多ピン化によって生じている問題を，実例を元に解説しています．

● 非貫通ビア基板の活用技術（8ページ）

1508ピンBGAのLSIを実装するプリント基板の設計事例です．すべての信号の引き出すために，非貫通ビア基板を活用しています（図10）．

● 多ピンBGAの省スペース実装事例（4ページ）

BGAパッケージのFPGAをPC Cardに納めた製品の開発におけるプリント基板の設計事例です（図11）．

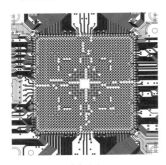
(a) L1

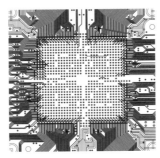
(b) L3

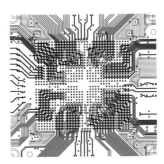
(c) L5

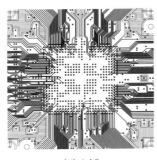
(d) L10

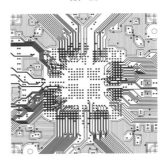
(e) L12

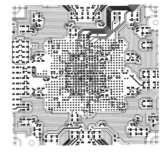
(f) L14

図10 1508ピンBGAのLSIからの信号の引き出し

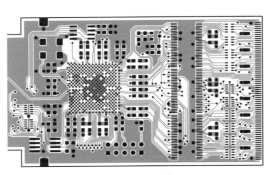
(a) 部品面の配線

(b) 256ピンBGA搭載のPC Card基板

図11 256ピンBGA搭載のPC Card基板の配線と外観

特集1 ボード設計の勘どころとトラブル対策

（Design Wave Magazine 2004年6月号）　　　　　全65ページ

　プリント基板設計や実装の工程に関与しなければならなくなった回路技術者向けに，プリント基板設計の勘所について解説した特集です．

- **プリント基板設計を始めるにあたっての検討事項**(4ページ)

　回路設計者とプリント基板設計者の担当領域や，プリント基板設計ツールの導入する際の課題について説明しています．

- **ディジタル・パワー・アンプ基板の設計・製作事例**(25ページ)

　ディジタル・パワー・アンプを例に，回路図入力からパターン設計，基板の発注までを具体的に解説しています(写真6)．

- **ボード設計トラブル・シューティング25連発！**(36ページ)

　プリント基板設計にかかわるトラブル事例を集めています．

（a）部品を実装した基板

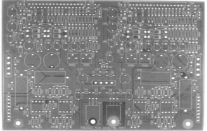
（b）基板の表面

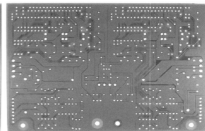
（c）基板の裏面

写真6　D級パワー・アンプ基板

特集1 ザ・新人研修！《ボード設計編》

（Design Wave Magazine 2005年6月号）　　　　　全22ページ

　新人エンジニア向けに，ボード設計者として従事する際に必要となる知識や課題を紹介した特集です．

- **ボード設計の世界へようこそ！**(9ページ)

　プリント基板や電子部品の知識や，回路設計者との間でやりとりする情報などを解説しています．

- **シミュレーションと現実世界の違いを理解する**(6ページ)

プリント基板設計におけるシミュレーションの基本的な考え方と具体的な事例を紹介しています(図12)．

- **ボード設計の現場でぶつかる「ことば」を理解する**(7ページ)

　プリント基板設計や実装に関して意味を理解しにくい言葉や，複数の意味で使われている言葉について，用語辞典スタイルで説明しています．

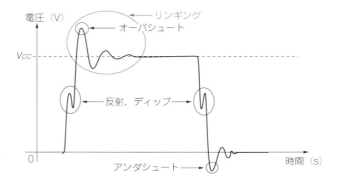

図12 シミュレーションで得られる電圧波形の例

特集2「ボード設計」ほどすてきな商売はない！

（Design Wave Magazine 2006年5月号）　　　　　　　　全17ページ

　新人技術者向けに，プリント基板や実装技術の基礎を解説した特集です．

- **これがプリント基板の組み立て工程だ！（7ページ）**

　プリント基板の組み立て（部品実装と出荷検査）について，多くの写真を使って説明しています（写真7）．

- **もの作りの心構えとボード設計の実際（10ページ）**

　UNIXサーバのメイン・ボードの設計を例に，ボード設計で考慮すべき事項を解説しています（写真8）．

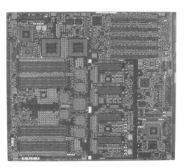
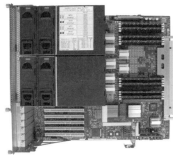

（a）部品実装前　　　　　　（b）部品実装後

写真7　表面実装部品の自動実装機　　写真8　UNIXサーバのボード

特集1 目指せ一流！「プリント基板設計エンジニア」育成講座

（Design Wave Magazine 2007年6月号）　　　　　　　　全48ページ

　簡単な配線パターンを設計しながら多層基板の設計技術を解説しています．無償で利用できるプリント基板設計ツールを活用しています．

- **多層基板活用のススメ（10ページ）**

　多層プリント基板の利点と，設計時の注意点を解説しています．

- **小規模な回路で4層基板設計を体験する（14ページ）**

　あらかじめ用意された回路を使って，4層基板の配線パターンを実際に設計していく手順を説明しています．例題の回路は，USB対応オーディオ入出力アダプタです（図13）．

- **USB対応オーディオ入出力アダプタの動作説明（2ページ）**

　例題として使用したUSB対応オーディオ入出力アダプタの回路を説明しています．

- **BGAパッケージ周りの配線設計の勘どころ（9ページ）**

　BGA周りの配線における常識として，基板製造技術や有効に使える設計ツールの機能などを説明しています．

- **BGAパッケージからの配線引き出しを体験する（13ページ）**

　256ピンBGAと1156ピンBGAからの信号引き出しを具体的に説明しています．

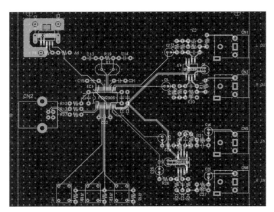

図13　USB対応オーディオ入出力アダプタのパターン

特集 高速伝送の肝！ 差動伝送徹底研究

（Design Wave Magazine 2009年1月号） 全30ページ

差動伝送線路の基本と具体的な設計例を紹介した特集です．

- 差動伝送線路の基礎知識（11ページ）

基礎として，さまざまな差動シリアル伝送規格や，差動伝送の長所や短所を説明しています．

- シミュレーションで学ぶ伝送線路（7ページ）

配線パターンやダンピング抵抗が変わった場合に信号波形が受ける影響をシミュレーションを元に解説しています（図14）．

- LVDSに詳しくなれる11のノウハウ（7ページ）

LVDSの利点や，ドライバ/レシーバICの使い方などを解説しています．

- 波形で見るコモン・モード・チョーク・コイルの効果（5ページ）

差動信号に影響を与えることなくノイズを抑制できるコモン・モード・チョーク・コイルの原理を解説し，コンデンサなどとの効果の比較・実験をしています（図15）．

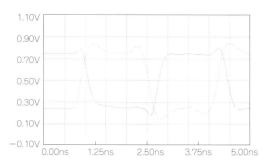

図14　差動ペアの線路の長さが違うときの波形

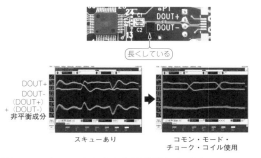

図15　スキューの大きな伝送線路におけるコモン・モード・チョーク・コイルの効果

"基板材質"の違いのわかる機器設計者になろう

（Design Wave Magazine 2001年10月号） 11ページ

機器設計者がプリント配線板を選択する際の基礎知識や，知っておくべき問題について解説しています．プリント配線板の材質の種類と，用途に合わせた基板材質の選択基準について，市場の要求とともに細かく取り上げられています．

フレッシャーズのためのボード設計講座

（Design Wave Magazine 2002年4月号） 7ページ

新人エンジニア向けに，プリント基板設計者として必要なスキルや戸惑いやすい問題について説明しています．実際の失敗例についても紹介しています．

プリント配線板の最新技術をどう活用するか

（Design Wave Magazine 2002年12月号） 8ページ

携帯機器で使われているプリント配線板についての技術動向を解説しています．ビルドアップ基板のさまざまな構造（図16）や，LSIパッケージ内に複数の半導体チップを積層する3次元実装パッケージ（図17）などについて詳しく取り上げています．

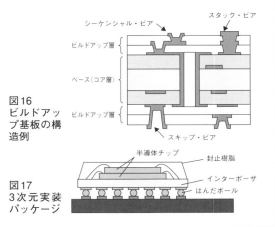

図16　ビルドアップ基板の構造例

図17　3次元実装パッケージ

ビルドアップ基板の生産額が多層板全体の27.2 %に

（Design Wave Magazine 2003年8月号） 9ページ

　プリント配線板の種類や構造，材料について，業界動向とともに紹介しています．携帯機器の増加と主にビルドアップ基板やフレキシブル基板が増えていること，これらの基板の多層化が進んでいることが述べられています（図18）．

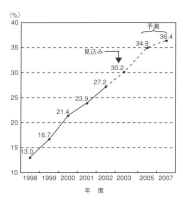

図18　ビルドアップ多層基板の比率

マルチエンジニアになろう

（Design Wave Magazine 2004年4月号） 12ページ

　機器設計者が身に付けるべき技術を解説しています．1人のエンジニアが，要求仕様の分析から回路設計，プリント基板設計，テストまで，プロジェクト全体を担当したことで，プロジェクトがスムーズに進んだ事例が述べられています（図19）．

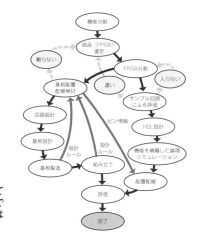

図19　問題を前もって解決することでプロジェクトは成功！

プリント基板開発を体験する

（Design Wave Magazine 2005年4月号） 21ページ

　既存の製品を元に新しい製品を開発する場合を想定して，設計データを復元・改変する様子を具体的に説明しています（図20）．素材は，Design Wave Magazine 2005年1月号に付属されていたFPGAボードです．

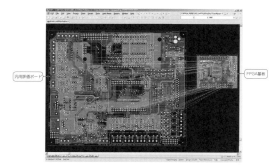

図20　2枚の基板を合体させる

多層プリント配線板の開発トレンド

（Design Wave Magazine 2007年8月号） 8ページ

　多層プリント配線板の種類や市場規模の解説です．日本国内においては，多層プリント配線板の市場規模は伸び悩んでいるものの，フレキシブル基板やビルドアップ基板については伸び続けていること，多層基板の層数が増えていることなどがデータとともに示されています（図21）．

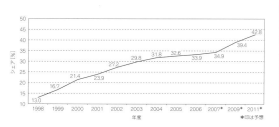

図21　ビルドアップ多層基板の割合（金額ベース）

実装とプリント・パターン設計

（トランジスタ技術 2003年3月号） 8ページ

　高周波アナログ回路の設計について解説した連載の一部です．高周波特性を引き出すプリント・パターン設計について，カットオフ周波数10 MHzのローパス・フィルタを例に説明しています（図22）．

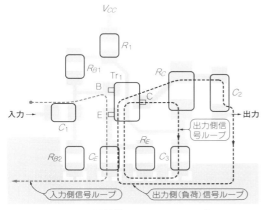

図22　カットオフ周波数10 MHzのローパス・フィルタのパターン

プリント基板 設計便利帳

（トランジスタ技術 2004年10月号） 8ページ

　一般的なプリント基板設計ルールとして，基板材料や設計ルール，プリント基板の電気的特性，プリント基板メーカへの依頼書の具体例などがまとめられています（図23）．

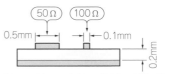

(a) マイクロストリップ線路の特性インピーダンスの目安は，層間0.2mmのとき，0.1mm幅のパターンが100Ω，0.5mm幅のパターンが50Ω

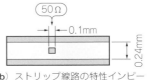

(b) ストリップ線路の特性インピーダンスの目安は，層間0.24mmのとき0.1mm幅のパターンで50Ω

図23　層間ギャップ長と特性インピーダンス

BGAパッケージの配線術

（トランジスタ技術 2010年5月号） 9ページ

　プリント基板設計において，BGAパッケージからの信号の引き出し方法について解説しています．具体的な事例や，知っておきたいテクニックがまとまっています（図24）．多ピンBGA搭載基板でよく使われる非貫通ビア基板の構造とコストの関係なども説明されています．

図24　6列のBGAからの配線引き出し例

プリント基板の設計

（トランジスタ技術 2010年6月号） 6ページ

　電源回路を構成するさまざまな部品に注目した特集の一部として，プリント基板の設計を解説しています．パターンの形状と電気的特性の関係について整理しています（図25）．

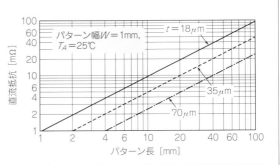

図25　プリント・パターンの幅，長さと直流抵抗の関係

第5章 プリント基板設計事例

アートワーク,シミュレーション,トラブル対策
編集部

　ここでは,プリント基板の設計事例について解説している記事をまとめています.応用事例記事(製作記事)の一部としてプリント基板のパターン設計が説明されている記事だけでなく,評価・実験の事例やトラブル事例などがあります.

　本書付属CD-ROMにPDFで収録したプリント基板設計事例に関する記事の一覧を表1に示します.
　第3章で特集や連載としてまとめられている記事の中にも,数多くの設計事例が含まれるので,参照してください.

表1　プリント基板設計事例に関する記事の一覧(複数に分類される記事は,他の章で概要を紹介している場合がある)

記事タイトル	掲載号	ページ数	PDFファイル名
ラジコン空撮アダプタの製作	トランジスタ技術 2002年6月号	8	2002_06_137.pdf
マイコン周辺回路の配線実例集	トランジスタ技術 2005年6月号	5	2005_06_140.pdf
オーディオ回路の配線実例集	トランジスタ技術 2005年6月号	9	2005_06_145.pdf
ビデオ応用回路の配線実例集	トランジスタ技術 2005年6月号	10	2005_06_154.pdf
アナログ回路の配線実例集	トランジスタ技術 2005年6月号	6	2005_06_164.pdf
広帯域&高周波回路の配線実例集	トランジスタ技術 2005年6月号	6	2005_06_170.pdf
電源&パワー回路の配線実例集	トランジスタ技術 2005年6月号	5	2005_06_176.pdf
ディジタル回路の配線実例集	トランジスタ技術 2005年6月号	8	2005_06_181.pdf
スイッチング電源の放射ノイズを抑える定石	トランジスタ技術 2007年6月号	1	2007_06_264.pdf
高周波はパターン設計が重要	トランジスタ技術 2007年11月号	1	2007_11_162.pdf
高周波LCフィルタ基板設計の勘所	トランジスタ技術 2009年8月号	8	2009_08_165.pdf
すぐに使えるビデオ信号処理回路	トランジスタ技術 2009年10月号	14	2009_10_126.pdf
BGAパッケージの配線術	トランジスタ技術 2010年5月号	9	2010_05_194.pdf
プロのプリント基板アートワーク設計テクニック	Design Wave Magazine 2001年10月号	8	dw2001_10_072.pdf
SCSI-I/SCSI-III変換インターフェース・ボードの開発から学ぶ実践的プリント基板設計	Design Wave Magazine 2001年12月号	6	dw2001_12_119.pdf
PICマイコン・ボードのコスト試算,安全規格対応からノイズ対策まで	Design Wave Magazine 2002年5月号	15	dw2002_05_068.pdf
ビルドアップ基板を利用してテレビ電話向けMPEG-4モジュールを開発	Design Wave Magazine 2002年10月号	7	dw2002_10_072.pdf
非貫通ビア基板の活用技術	Design Wave Magazine 2004年1月号	8	dw2004_01_043.pdf
多ピンBGAの省スペース実装事例	Design Wave Magazine 2004年1月号	4	dw2004_01_051.pdf
FR4基板による3.125Gbps通信システムの設計事例	Design Wave Magazine 2004年3月号	9	dw2004_03_059.pdf
ボード設計トラブル・シューティング25連発!	Design Wave Magazine 2004年6月号	36	dw2004_06_065.pdf

記事タイトル	掲載号	ページ数	PDFファイル名
ボード設計トラブル・シューティング16連発！	Design Wave Magazine 2005年3月号	17	dw2005_03_098.pdf
もの作りの心構えとボード設計の実際	Design Wave Magazine 2006年5月号	10	dw2006_05_099.pdf
プリント基板による熱対策技術	Design Wave Magazine 2006年9月号	10	dw2006_09_050.pdf
高速シリアル通信ボードの熱対策事例	Design Wave Magazine 2006年9月号	7	dw2006_09_060.pdf
高速メモリ搭載ボードを効率良く開発するための手引き	Design Wave Magazine 2006年9月号	10	dw2006_09_080.pdf
DDR2 SDRAM搭載ボードの実機検証トラブル・シューティング	Design Wave Magazine 2006年9月号	11	dw2006_09_090.pdf
FPGA周りの配線テクニック9連発	Design Wave Magazine 2007年2月号	10	dw2007_02_082.pdf
マイクロストリップ線路を利用したフィルタの設計事例	Design Wave Magazine 2007年11月号	8	dw2007_11_049.pdf
無償ツールを活用した1.2GHzローパス・フィルタの設計	Design Wave Magazine 2008年4月号	11	dw2008_04_107.pdf

高周波LCフィルタ基板設計の勘所

（トランジスタ技術 2009年8月号）

8ページ

　LCフィルタ設計支援ソフトウェアを活用して，バターワース型フィルタを設計しています．また，シミュレーション結果と，プリント基板上に実装した回路の動作結果との比較も行っています．

　ローパス・フィルタとハイパス・フィルタについて，それぞれ複数のプリント基板を設計しており，配線パターンの違いによる特性の比較も行っています（写真1）．

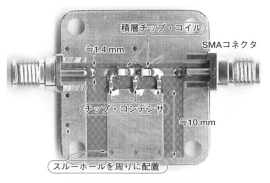

(a) 最初に設計したプリント基板　　(b) スルー・ホールをチップ・コンデンサの近くに設けた基板

写真1　バターワース型ローパス・フィルタのプリント基板

ラジコン空撮アダプタの製作

(トランジスタ技術 2002年6月号) 8ページ

電動ラジコン飛行機とディジタル・カメラを組み合わせた空撮アダプタの製作事例です．プリント基板のパターン設計や，海外の基板メーカへの発注方法について述べられています(図1)．

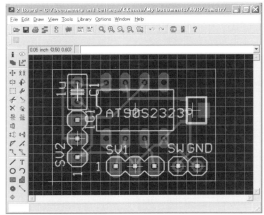

図1　空撮アダプタの基板設計

スイッチング電源の放射ノイズを抑える定石

(トランジスタ技術 2007年6月号) 1ページ

携帯機器の電源回路において，部品選定とプリント基板のパターン設計を工夫することで放射ノイズを抑えた事例の解説です．パターン設計では，極力太いパターンを使い，多点のスルー・ホールで層間を接続することが示されています(図2)．

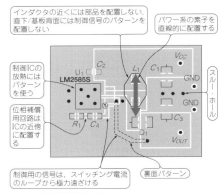

図2　昇圧回路のパターン

高周波はパターン設計が重要

(トランジスタ技術 2007年11月号) 1ページ

高周波信号のパターンにはマイクロストリップ線路を用いることと，その具体的な方法を説明しています．高周波用IC周辺のパターン例が示されています(図3)．

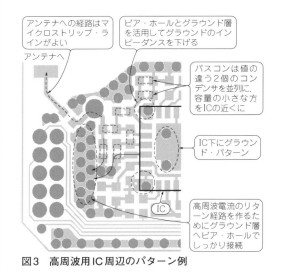

図3　高周波用IC周辺のパターン例

すぐに使えるビデオ信号処理回路

(トランジスタ技術 2009年10月号) 14ページ

ビデオ信号処理装置を構成する機能のうち，以下のブロックについて，回路とプリント基板パターンを紹介しています．
①SDI入力回路(図4)
②液晶モジュール出力回路
③RGB24ビット→DVI-D変換出力回路

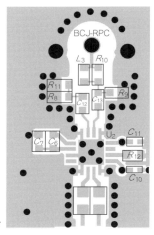

図4
SDI入力回路のパターン

プロのプリント基板アートワーク設計テクニック

（Design Wave Magazine 2001年10月号）

8ページ

プリント基板の配置・配線において，若手エンジニアが失敗しやすい事項を具体例を元に説明しています．例えば，回路設計者とのコミュニケーション時の問題や，安全基準の問題，電源パターン設計時の問題，多層基板における高速信号の配線などです（図5）．

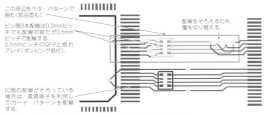

図5　多層基板における高速信号の配線

SCSI-I/SCSI-III変換インターフェース・ボードの開発から学ぶ実践的プリント基板設計

（Design Wave Magazine 2001年12月号）

6ページ

製品開発事例を元にしたプリント基板設計手法の解説です．SCSI-IインターフェースをSCSI-IIIインターフェースに変換する基板を例題に用いています．部品の配置や基板の層構成，配線の仕様などが具体的に示されています（図6）．

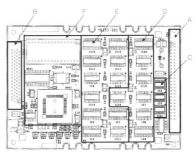

図6　SCSI-I/SCSI-III変換インターフェース・ボードの部品配置

PICマイコン・ボードのコスト試算，安全規格対応からノイズ対策まで

（Design Wave Magazine 2002年5月号）

15ページ

ボード開発事例を元にしたコスト計算や安全規格の解説です．プリント基板のサイズや製造方法がコストに大きく影響することや，コストの試算方法，実装にかかるコスト要因などが取り上げられています．また，伝送線路シミュレータの活用についても説明しており，実際の配線例が示されています（図7）．

図7　クロストーク・ノイズを抑えるパターン設計例

ビルドアップ基板を利用してテレビ電話向けMPEG-4モジュールを開発

（Design Wave Magazine 2002年10月号）

7ページ

テレビ電話向けMPEG-4モジュールの開発事例です（写真2）．プリント基板として，ビルドアップ基板が用いられています．ビルドアップ基板の構造や製造方法についても解説しています．

写真2　MPEG-4モジュール

FR4基板による3.125Gbps通信システムの設計事例

（Design Wave Magazine 2004年3月号）

9ページ

3.125Gbpsのカード間接続システムの設計事例です．FR-4基板で870mm以上の伝送を実現しています（図8）．Gbps帯の信号を扱う際のシステム設計について解説しています．

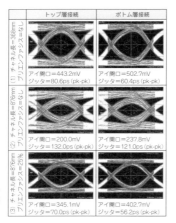

図8 FR-4基板による3.125Gbps通信の信号波形

ボード設計トラブル・シューティング16連発！

（Design Wave Magazine 2005年3月号）

17ページ

プリント基板設計にかかわるトラブル事例集です．トラブルの状況のほか，原因究明の過程と対策方法がまとめられています．また，トラブルから得られる教訓が示されています．

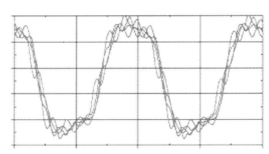

図9 ひと筆書き配線を行ったために乱れてしまった信号波形

特集1 FPGAの消費電力＆熱対策，待ったなし！

（Design Wave Magazine 2006年9月号）

全17ページ

消費電力が大きいFPGAを活用するための技術を解説した特集の一部です．

● プリント基板による熱対策技術
（10ページ）

LSIの放熱というとヒート・シンクやファンがよく用いられますが，FPGAのようなBGAパッケージのLSIではプリント基板から熱を逃がしやすいことがシミュレーションや実験によって示されています（図10）．

● 高速シリアル通信ボードの熱対策事例
（7ページ）

大きな電力を消費する高速シリアル通信ボードにおいて，LSIの消費電力から発熱を見積もり，ヒート・シンクとファンを用いて放熱を行った事例です（図11）．

図10 プリント基板による熱対策例

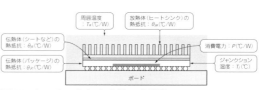

図11 ヒート・シンクを使った放熱

特集2 DDR2メモリを利用したシステム設計とトラブル対策

（Design Wave Magazine 2006年9月号）

全21ページ

DDRメモリ・インターフェースを搭載するボードの設計技術を集めた特集記事です．

- 高速メモリ搭載ボードを効率良く開発するための手引き

（10ページ）

DDRメモリを搭載するPCI Expressカードの設計事例を元にした，高速メモリ・インターフェースを高密度かつ低コストに実現する技術の解説です（写真3）．

- DDR2 SDRAM搭載ボードの実機検証トラブル・シューティング

（11ページ）

DDR2 SDRAM搭載ボードの測定という観点から，ボード設計の際に考慮すべきことや実際の測定例について解説しています（写真4）．

写真3 DDRメモリを搭載するPCI Expressカード

写真4 テスト用パッドへのプローブの接続

マイクロストリップ線路を利用したフィルタの設計事例

（Design Wave Magazine 2007年11月号）

8ページ

1.2GHzまでの通過帯域を持つローパス・フィルタの設計事例です．インダクタやキャパシタは，配線パターンで実現しています（写真5）．配線パターンでフィルタを実現できる理由と具体的な実現方法が示されています．

写真5 マイクロストリップ線路によるローパス・フィルタ

無償ツールを活用した1.2GHzローパス・フィルタの設計

（Design Wave Magazine 2008年4月号）

11ページ

Design Wave Magazine 2007年11月号「マイクロストリップ線路を利用したフィルタの設計事例」の続編です．7次チェビシェフ・ローパス・フィルタとバンド・エリミネーション・フィルタの設計が具体的に示されています．実際の設計で応用した例もあります（写真6）．

写真6 マイクロストリップ線路による各種フィルタの実設計における適用例

第6章 設計ツール

プリント基板設計ツールやシミュレーション・ソフトウェアなど

編集部

　ここでは，プリント基板設計やノイズ対策で活用する設計ツールについて解説している記事をまとめています．プリント基板の設計では，配線パターンを描く際にCADツールを利用します．また，設計したパターンで信号を正しく伝送できるか，ノイズを放出しないかなどを事前に評価するためには，シミュレータが使われます．ノイズ対策では，さまざまな測定ツールが活用されます．

　本書付属CD-ROMにPDFで収録した設計ツールに関する記事の一覧を**表1**に示します．ただし実装で用いるツールに関する記事は取り上げていません．これらについては，第7章にまとめています．

表1　設計ツールに関する記事の一覧(複数に分類される記事は，他の章で概要を紹介している場合がある)

記事タイトル	掲載号	ページ数	PDFファイル名
プリント基板CAD"PCBE"の使い方とプリント基板の作り方	トランジスタ技術 2002年11月号	8	2002_11_196.pdf
EAGLEの概要と回路図の描き方	トランジスタ技術 2003年3月号	8	2003_03_247.pdf
部品ライブラリの作成と回路図の完成	トランジスタ技術 2003年4月号	9	2003_04_245.pdf
ボード・エディタの使い方と自動配線	トランジスタ技術 2003年5月号	10	2003_05_223.pdf
PCB CADを使いこなせ！22のアドバイス	トランジスタ技術 2003年6月号	12	2003_06_131.pdf
CAMデータの作成法とULP	トランジスタ技術 2003年6月号	8	2003_06_238.pdf
EMCの七つ道具	トランジスタ技術 2005年4月号	2	2005_04_274.pdf
電流プローブを作る	トランジスタ技術 2005年5月号	2	2005_05_258.pdf
コモン・モード・チョーク・ミノムシ	トランジスタ技術 2005年5月号	1	2005_05_260.pdf
電流プローブの使いかた	トランジスタ技術 2005年6月号	2	2005_06_266.pdf
対策を要するノイズだけが見えるプローブ	トランジスタ技術 2005年6月号	1	2005_06_268.pdf
磁界を検出するアンテナを作る	トランジスタ技術 2005年7月号	2	2005_07_290.pdf
CDプレーヤ基板のノイズ源を探る	トランジスタ技術 2005年8月号	2	2005_08_266.pdf
付録のCADツールでプリント基板設計を体験！	トランジスタ技術 2007年6月号	3	2007_06_096.pdf
STEP3 回路図とPCB部品データの作成	トランジスタ技術 2007年6月号	8	2007_06_135.pdf
STEP4 部品をレイアウトしパターンを描く	トランジスタ技術 2007年6月号	16	2007_06_143.pdf
プリント基板CADのインストールと起動方法	トランジスタ技術 2007年6月号	2	2007_06_167.pdf
インパルス・ノイズ試験器の原理と使い方	トランジスタ技術 2010年5月号	3	2010_05_225.pdf
伝送線路シミュレータの導入に失敗しないためのポイント(前編)	Design Wave Magazine 2001年5月号	10	dw2001_05_156.pdf
伝送線路シミュレータの導入に失敗しないためのポイント(後編)	Design Wave Magazine 2001年7月号	8	dw2001_07_128.pdf
CPUボードの回路設計と基板設計を体験する	Design Wave Magazine 2002年1月号	18	dw2002_01_028.pdf
シリコン基板上のコイルとアンテナの電磁界を解析する	Design Wave Magazine 2002年1月号	9	dw2002_01_046.pdf
二つの設計フローをつなぐ「シンボル作成ツール」	Design Wave Magazine 2002年6月号	6	dw2002_06_064.pdf
高速回路における配線の取り扱い(前編)	Design Wave Magazine 2002年11月号	7	dw2002_11_141.pdf

記事タイトル	掲載号	ページ数	PDFファイル名
高速回路における配線の取り扱い(後編)	Design Wave Magazine 2002年12月号	8	dw2002_12_135.pdf
電源分配系における同時スイッチング・ノイズの解析	Design Wave Magazine 2003年2月号	7	dw2003_02_129.pdf
プリント基板設計を体験する	Design Wave Magazine 2003年4月号	10	dw2003_04_062.pdf
配線をモデル化するためのパラメータ抽出法(前編)	Design Wave Magazine 2003年4月号	7	dw2003_04_140.pdf
統合型プリント基板CADツールの運用方法	Design Wave Magazine 2003年6月号	16	dw2003_06_051.pdf
配線をモデル化するためのパラメータ抽出法(中編)	Design Wave Magazine 2003年7月号	6	dw2003_07_123.pdf
配線をモデル化するためのパラメータ抽出法(後編)	Design Wave Magazine 2003年10月号	7	dw2003_10_142.pdf
計測器による伝送線路の評価	Design Wave Magazine 2003年10月号	8	dw2003_10_156.pdf
SPICEを使ったパワー・インテグリティの解析(前編)	Design Wave Magazine 2004年3月号	9	dw2004_03_140.pdf
SPICEを使ったパワー・インテグリティの解析(後編)	Design Wave Magazine 2004年7月号	9	dw2004_07_140.pdf
プリント基板開発を体験する	Design Wave Magazine 2005年4月号	21	dw2005_04_039.pdf
シミュレーションの"違い"がわかる設計技術者になろう	Design Wave Magazine 2006年8月号	10	dw2006_08_086.pdf
机上で放射ノイズの発生源を突きとめる	Design Wave Magazine 2008年2月号	2	dw2008_02_168.pdf
フリー・ソフトウェアを使用して配線パターンを設計する	Design Wave Magazine 2008年3月号	4	dw2008_03_043.pdf
パソコンによる簡易ノイズ測定法	Design Wave Magazine 2008年4月号	2	dw2008_04_105.pdf
無償ツールを活用した1.2GHzローパス・フィルタの設計	Design Wave Magazine 2008年4月号	11	dw2008_04_107.pdf
シミュレーションで学ぶ伝送線路	Design Wave Magazine 2009年1月号	7	dw2009_01_035.pdf
配線レイアウトの電磁界シミュレーションを体験する	Design Wave Magazine 2009年2月号	10	dw2009_02_034.pdf
DDR SDRAMとFPGA間の配線設計を体験する	Design Wave Magazine 2009年2月号	8	dw2009_02_044.pdf

CPUボードの回路設計と基板設計を体験する

(Design Wave Magazine 2002年1月号)

18ページ

　プリント基板設計ツールの「Protel 99 SE トライアル・バージョン」を使いながら,プリント基板設計の一連の流れを解説しています(**図1**).サンプル回路は,M16Cマイコンを搭載するCPUボードです.

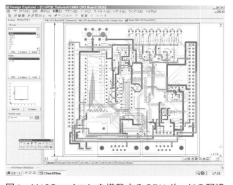

図1　M16Cマイコンを搭載するCPUボードの配線が完了した様子

短期連載 PCBレイアウト・エディタ "EAGLE" の使い方

(トランジスタ技術 2003年3月号～6月号)　　全35ページ

　プリント基板設計ツールの「EAGLE Light Edition」を使って，ビジュアル系ギター・ピッチ・チューナの基板を設計していく連載です．回路図入力から海外の基板製造会社に発注するまでを具体的に解説しています．

● EAGLEの概要と回路図の描き方
　（2003年3月号，8ページ）

　プリント基板設計ツールの基本的な操作と回路図入力の方法を説明しています．

● 部品ライブラリの作成と回路図の完成
　（2003年4月号，9ページ）

　あらかじめ登録されていない部品の回路図記号やフット・プリントなどのライブラリを作成し，これを使って回路図を完成させるまで解説しています．

● ボード・エディタの使い方と自動配線
　（2003年5月号，10ページ）

　プリント基板設計ツールのボード・エディタ（図2）を使って，配線パターンを作成する方法を解説しています．

● CAMデータの作成法とULP
　（2003年6月号，8ページ）

　プリント基板製造会社に発注するために必要な作業を説明しています．また，プリント基板設計作業の自動化で役立つULP(User Language Program)機能について説明しています．

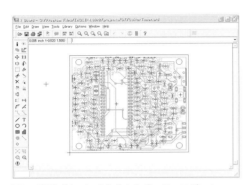

図2　配線パターンを作成するボード・エディタ

二つの設計フローをつなぐ「シンボル作成ツール」

(Design Wave Magazine 2002年6月号)　　6ページ

　FPGAのような自由度の高い部品を使う設計では，プリント基板設計工程において，回路図や回路図シンボルなどのデータを変更する作業が発生する場合があります．このような作業を軽減するシンボル作成ツールについて解説しています．

プリント基板CAD "PCBE" の使い方とプリント基板の作り方

(トランジスタ技術 2002年11月号)　　8ページ

　無償で使用可能なプリント基板設計ツールの「PCBE」を使いながら，パターン設計からプリント基板が出来上がるまでの一連の流れを解説しています．基板は製造会社に発注するのではなく，感光基板を使用して作成する方法を説明しています．

プリント基板設計を体験する

(Design Wave Magazine 2003年4月号)　　10ページ

　プリント基板設計ツールの「Expedition PCB 評価版」を使いながら，プリント基板設計の一連の流れを解説しています（図3）．サンプル回路は，PCIバス接続のパソコン用ビデオ・コントローラ基板です．プリント基板の製造工程についての解説もあります．

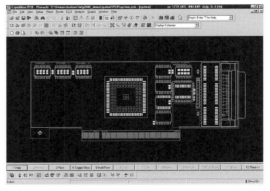

図3　プリント基板の外観表示

フリー・ソフトウェアを使用して配線パターンを設計する

（Design Wave Magazine 2008年3月号）

4ページ

プリント基板製造会社が無償で提供しているプリント基板設計ツールの「CADLUS Design」を使いながら，プリント基板設計の一連の流れを解説しています（**図4**）．サンプル回路は，ビデオ・システム・ボードです．

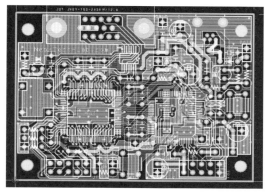

図4 ビデオ・システム・ボードの配線パターン

DDR SDRAMとFPGA間の配線設計を体験する

（Design Wave Magazine 2009年2月号）

8ページ

プリント基板設計＆伝送線路解析ツールの「CADLUS Sim」を使いながら，配線パターンにおける遅延を解析する事例を解説しています（**図5**）．サンプル回路は，FPGAとDDR SDRMの配線パターンです．部品の配置からパターン設計を行い，伝送線路シミュレーションにより検証するまでの流れを説明しています．

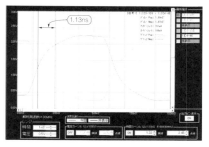

図5 FPGAの出力ピンからDDR SDRAM入力ピンまでの遅延のシミュレーション結果

配線レイアウトの電磁界シミュレーションを体験する

（Design Wave Magazine 2009年2月号）

10ページ

電磁界シミュレータの「Sonnet Light」を使いながら，配線パターンの特性インピーダンスの解析やクロストーク・ノイズの解析をしています（**図6**）．マイクロストリップ線路を対象にしています．電磁界シミュレータの機能についての説明もあります．

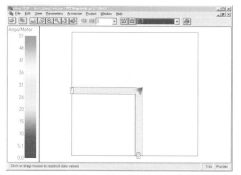

図6 マイクロストリップ線路の直角曲がり部の電流分布

計測器による伝送線路の評価

（Design Wave Magazine 2003年10月号）

8ページ

計測器を使って伝送線路を評価を行う方法の解説です（**写真1**）．評価方法としては，広帯域オシロスコープによるTDR（Time Domain Reflectometry）法や，ネットワーク・アナライザによるSパラメータ法を利用しています．

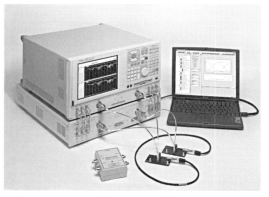

写真1 オシロスコープを使った伝送線路評価システム

シリコン基板上のコイルとアンテナの電磁界を解析する

(Design Wave Magazine 2002年1月号)

9ページ

電磁界シミュレータの「Sonnet Light」を使いながら，シリコン基板上のスパイラル・インダクタ（コイル）とマイクロストリップ・アンテナ（パッチ・アンテナ）の解析をしています（図7）．モデルの作成から解析までの一連の流れを具体的に説明しています．

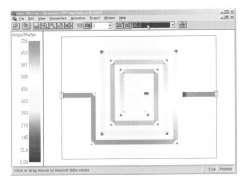

図7 コイルの導体表面の電流分布

連載 My tools!

(トランジスタ技術 2005年5月号/6月号)

全2ページ

● コモン・モード・チョーク・ミノムシ
（2005年5月号，1ページ）

ノイズの経路を探し出すときに使える「コモン・モード・チョーク・ミノムシ」のしくみと作成方法を解説しています（写真2）．

● 対策を要するノイズだけが見えるプローブ
（2005年6月号，1ページ）

スイッチング電源回路の出力電圧を測定するときなどで，回路の動作と直接関係のないノイズが観測されてしまうことがあります．このようなノイズは，フィルタを使っても除去できません．ここでは，先端を同軸化して，はんだ付け可能にしたプローブを使った観測方法と，効果を説明しています（写真3）．

写真2 コモン・モード・チョーク・ミノムシ

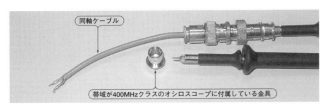

写真3 対策を要するノイズだけが見えるプローブ

連載 高速ディジタル回路設計のための アナログ回路シミュレーション入門

(Design Wave Magazine 2002年11月号〜2004年7月号)　**全60ページ**

高速ディジタル回路の動作検証に，アナログ回路シミュレータのSPICEを活用する方法を解説した連載です．具体的な解析例も示されています(図8)．

- 高速回路における配線の取り扱い(前編)
  (2002年11月号，7ページ)
- 高速回路における配線の取り扱い(後編)
  (2002年12月号，8ページ)
- 電源分配系における同時スイッチング・ノイズの解析(2003年2月号，7ページ)
- 配線をモデル化するためのパラメータ抽出法(前編)(2003年4月号，7ページ)
- 配線をモデル化するためのパラメータ抽出法(中編)(2003年7月号，6ページ)
- 配線をモデル化するためのパラメータ抽出法(後編)(2003年10月号，7ページ)
- SPICEを使ったパワー・インテグリティの解析(前編)(2004年3月号，9ページ)
- SPICEを使ったパワー・インテグリティの解析(後編)(2004年7月号，9ページ)

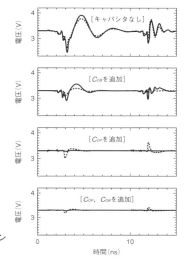

図8 グラウンド・バウンスの解析

連載 測定ワンポイント

(Design Wave Magazine 2008年2月号/4月号)　**全4ページ**

- 机上で放射ノイズの発生源を突きとめる
  (2008年2月号，2ページ)

スペクトラム・アナライザと自作のループ・アンテナを用いて放射ノイズの発生源を見つけ出す方法を解説しています(写真4)．

- パソコンによる簡易ノイズ測定法
  (2008年4月号，2ページ)

フリー・ソフトウェアの「WaveSpectra for Windows」と配線用巻き線(アンテナ)を用いてノイズを観測する方法の解説です(写真5)．パソコンへの入力は，オーディオ端子を使用します．

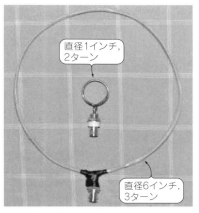

写真4 放射ノイズの発生源を突きとめるために用いるループ・アンテナ

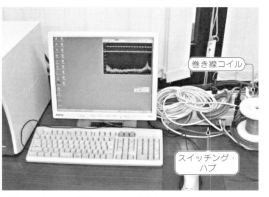

写真5 パソコンを使ったノイズ測定

第7章 実装技術

はんだ付けのテクニックから放熱設計まで
編集部

　ここでは，プリント配線板に部品を実装する技術について解説している記事をまとめています．はんだ付けにかかわる技術だけでなく，放熱に関する技術についてもここで扱っています．また，実装時のトラブル事例や実装の際に便利なツール類，自作機器の見栄えや使い勝手を高めるケースの加工技術といった話題の記事もここで取り上げます．

　本書付属CD-ROMにPDFで収録した実装技術に関する記事の一覧を**表1**に示します．

表1　実装技術に関する記事の一覧（複数に分類される記事は，他の章で概要を紹介している場合がある）

記事メイン・タイトル	掲載号	ページ数	PDFファイル名
回路設計者のためのプリント基板Q＆A	Design Wave Magazine 2004年1月号	8	dw2004_01_035.pdf
実装技術の3大変革と実装技術者	Design Wave Magazine 2005年4月号	1	dw2005_04_145.pdf
これがプリント基板の組み立て工程だ！	Design Wave Magazine 2006年5月号	7	dw2006_05_092.pdf
チップ部品 はんだ不良の原因とその処方せん	Design Wave Magazine 2007年1月号	16	dw2007_01_091.pdf
写真で見るBGAパッケージのリワーク	Design Wave Magazine 2007年11月号	6	dw2007_11_109.pdf
写真で見る0402チップの手付け作業	Design Wave Magazine 2008年6月号	3	dw2008_06_133.pdf
プリント基板から半導体パッケージがはがれないためのコツ	Design Wave Magazine 2008年11月号	6	dw2008_11_101.pdf
放熱と冷却ファンの基礎知識	トランジスタ技術 2001年3月号	14	2001_03_283.pdf
表面実装部品取り外しキットSMD-21	トランジスタ技術 2002年5月号	2	2002_05_272.pdf
実装とプリント・パターン設計	トランジスタ技術 2003年3月号	8	2003_03_227.pdf
鉛フリーはんだのはんだ付けテクニック	トランジスタ技術 2004年1月号	11	2004_01_257.pdf
部品を乗せる土台「蛇の目基板」	トランジスタ技術 2005年8月号	3	2005_08_257.pdf
はんだ付け用の道具箱	トランジスタ技術 2005年9月号	3	2005_09_265.pdf
はんだ付けの作法	トランジスタ技術 2005年10月号	3	2005_10_281.pdf
実装済み部品の外しかた	トランジスタ技術 2005年11月号	3	2005_11_273.pdf
ラッピング・ツール	トランジスタ技術 2005年11月号	1	2005_11_284.pdf
チップ部品や狭ピッチ多ピンICのはんだ付け	トランジスタ技術 2005年12月号	3	2005_12_265.pdf
ピッチ変換に最適！シール基板	トランジスタ技術 2006年1月号	3	2006_01_269.pdf
手作り回路における線材の使いこなし	トランジスタ技術 2006年2月号	3	2006_02_269.pdf
部品や線材をつかんだり切断する工具	トランジスタ技術 2006年3月号	3	2006_03_273.pdf
竹串の利用法と小さな部品をつかむ工具	トランジスタ技術 2006年4月号	3	2006_04_282.pdf
手と目をサポートする治具	トランジスタ技術 2006年5月号	3	2006_05_282.pdf
アクリル・ケースの製作術①	トランジスタ技術 2006年6月号	3	2006_06_268.pdf
アクリル・ケースの製作術②	トランジスタ技術 2006年7月号	3	2006_07_274.pdf
アクリル・ケースの製作術③	トランジスタ技術 2006年8月号	3	2006_08_274.pdf
アクリル・ケースの製作術④	トランジスタ技術 2006年9月号	3	2006_09_266.pdf
表面実装型パワーICの許容損失と放熱設計	トランジスタ技術 2009年9月号	8	2009_09_154.pdf
鉛フリーはんだ付けの極意	トランジスタ技術 2009年11月号	1	2009_11_167.pdf
発熱量の見積もりと放熱器の選択	トランジスタ技術 2010年6月号	13	2010_06_121.pdf
パッケージの温度を下げられない！	トランジスタ技術 2010年6月号	2	2010_06_224.pdf
表面実装部品による試作基板づくりと手直し	トランジスタ技術 2010年7月号	13	2010_07_084.pdf
環境／安全	トランジスタ技術 2010年12月号	4	2010_12_161.pdf

連載 できる！表面実装時代の電子工作術

（トランジスタ技術 2005年8月号～2006年9月号）

全42ページ

実験や試作をするための回路作りに必要な技術を解説した連載です．はんだ付け技術の他，製作時に用いる部材や工具の使い方についても取り上げられています（写真1）．

- 部品を乗せる土台「蛇の目基板」
  （2005年8月号，3ページ）
- はんだ付け用の道具箱
  （2005年9月号，3ページ）
- はんだ付けの作法
  （2005年10月号，3ページ）
- 実装済み部品の外しかた
  （2005年11月号，3ページ）
- チップ部品や狭ピッチ多ピンICのはんだ付け
  （2005年12月号，3ページ）
- ピッチ変換に最適！シール基板
  （2006年1月号，3ページ）
- 手作り回路における線材の使いこなし
  （2006年2月号，3ページ）
- 部品や線材をつかんだり切断する工具
  （2006年3月号，3ページ）
- 竹串の利用法と小さな部品をつかむ工具
  （2006年4月号，3ページ）
- 手と目をサポートする治具
  （2006年5月号，3ページ）
- アクリル・ケースの製作術①
  （2006年6月号，3ページ）
- アクリル・ケースの製作術②
  （2006年7月号，3ページ）
- アクリル・ケースの製作術③
  （2006年8月号，3ページ）
- アクリル・ケースの製作術④
  （2006年9月号，3ページ）

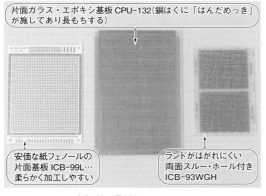

（a）蛇の目基板のいろいろ

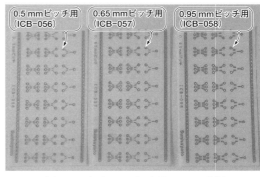

（b）チップ・トランジスタ用のシール基板

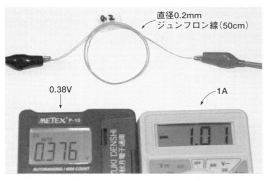

（c）直径0.2mmジュンフロン線

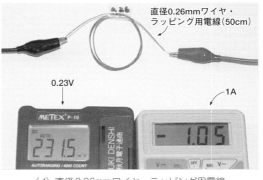

（d）直径0.26mmワイヤ・ラッピング用電線

写真1　回路の製作で必要な技術や部材，工具類

表面実装部品取り外しキット SMD-21

（トランジスタ技術 2002年5月号） 2ページ

表面実装部品を取り外すための特殊なはんだのキットの紹介です（写真2）．多層基板であったり，多ピンのICであったりしても，普通のはんだごてを使って取り外すことが可能です．融点の低い特殊なはんだを利用しています．

実装技術の3大変革と実装技術者

（Design Wave Magazine 2005年4月号） 1ページ

約20年の歴史を振り返り，実装技術に関する三つの大きな変革について述べたコラム記事です．
① 挿入実装から表面実装への変革
② 特定フロンの使用規制による洗浄技術の変革
③ 鉛の使用規制に伴うはんだ付け技術の変革

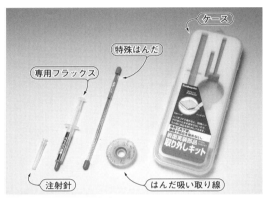

写真2 SMD-21の内容

ラッピング・ツール

（トランジスタ技術 2005年11月号） 1ページ

かつてディジタル回路の配線でよく使われていたラッピング・ツールの紹介です．この記事の筆者はFPGAを使った試作において，テスト・ピンの信号をテスト回路と接続する際に活用しているといいます．

プリント基板から半導体パッケージがはがれないためのコツ

（Design Wave Magazine 2008年11月号） 6ページ

プリント基板に振動や熱膨張といった力が加わると，基板から部品がはがれ落ちる可能性があります．この記事では，はがれにくい半導体パッケージや配線パターンなど，プリント基板から半導体パッケージがはがれないようにするために考慮すべき点を解説しています（図1）．

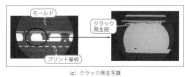

図1 BGAパッケージ品においてはんだがはがれやすい部分

チップ部品 はんだ不良の原因とその処方せん

（Design Wave Magazine 2007年1月号） 16ページ

チップ抵抗やICなどの表面実装部品が，リフロー炉の中でプリント基板に溶着する様子を，写真で説明しています（写真3）．はんだ不良を防ぐために考慮すべき点についても解説しています．

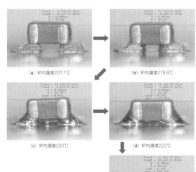

写真3
1005サイズのチップ・コンデンサのはんだ付け過程

写真で見る BGAパッケージのリワーク

（Design Wave Magazine 2007年11月号） 6ページ

　実装後のはんだ接続状態が確認しにくく，はんだ付け後の修正もしづらいBGAパッケージの部品のリワーク技術について解説しています（図2）．リワークの手順のほか，BGAパッケージの実装状態の良否判定の方法についても説明しています．

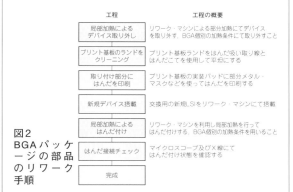

図2 BGAパッケージの部品のリワーク手順

写真で見る 0402チップの手付け作業

（Design Wave Magazine 2008年6月号） 3ページ

　0402サイズ（0.4mm×0.2mm）のチップ抵抗とチップ・コンデンサを手付けする技術について解説しています（写真4）．リワークの手順のほか，BGAパッケージの実装状態の良否判定の方法についても説明しています．

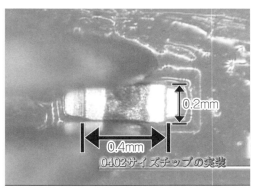

写真4　0402サイズのチップ部品を実装

鉛フリーはんだのはんだ付けテクニック

（トランジスタ技術 2004年1月号） 11ページ

　鉛フリーはんだの基礎や，はんだ付けの資格試験（マイクロソルダリング技術資格）に関する解説です．鉛フリーはんだと従来の鉛入りはんだの比較や，鉛フリーはんだを使う際の工具の選択方法，部品ごとのはんだ付け方法などが説明されています（写真5）．

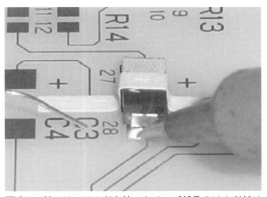

写真5　鉛フリーはんだを使ったチップ部品のはんだ付け

鉛フリーはんだ付けの極意

（トランジスタ技術 2009年11月号） 1ページ

　鉛フリーはんだの特徴として成分と融点について示し，鉛フリーはんだ付けで起こる問題を説明しています．また，鉛フリーはんだ付け「三種の神器」として，ケミカル・ペースト（こて先復活材），フラックス，こて先クリーナを紹介しています（写真6）．

（a）ケミカル・ペーストとその効き目

（b）フラックスを塗布

（c）アフロ・ヘアのようなワイヤ・タイプのこて先クリーナ

写真6 鉛フリーはんだ付け「三種の神器」

表面実装型パワーICの許容損失と放熱設計

（トランジスタ技術 2009年9月号）　8ページ

電源ICでは，抵抗損失による発熱が問題になりがちです．この記事では，ICパッケージの小型化による許容損失の問題や表面実装部品の許容損失，アルミ板による放熱，プリント基板による比較，放射型温度計による表面温度の測定法などについて解説しています（図3）．JEDEC High-K基板を用いた実験も行っています．

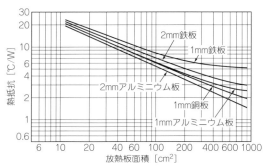

図3　金属板による放熱器の熱抵抗対面積

放熱と冷却ファンの基礎知識

（トランジスタ技術 2001年3月号）　14ページ

放熱が必要な機器が増えていることやその理由を述べた後，冷却の方法について解説しています．また，ファンの種類と構造，特性，騒音，信頼性などのほか，ファン実装のポイントについて細かく説明しています．筐体内の温度を推定する方法も紹介されています（図4）．

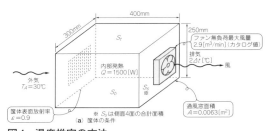

図4　温度推定の方法

発熱量の見積もりと放熱器の選択

（トランジスタ技術 2010年6月号）　13ページ

電源回路を構成する部品に注目した特集の一部として，放熱についてのさまざまな技術を解説しています．熱の伝わり方と冷却方式の選択，放熱器の形状と性能，空冷時の熱抵抗の変化，放熱部材の種類と使い方，プリント基板の熱抵抗などについてまとめられています（図5）．

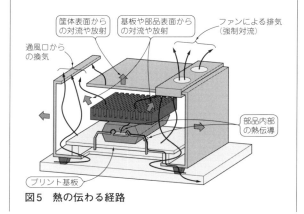

図5　熱の伝わる経路

パッケージの温度を下げられない！

（トランジスタ技術 2010年6月号）　2ページ

放熱の必要性や冷却用の材料についての解説です．また，一般的な冷却用の材料では放熱しきれない場合として，プリント基板やビアから放熱する冷却法について説明しています（図6）．

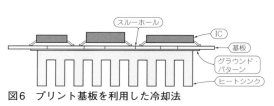

図6　プリント基板を利用した冷却法

第8章　電子部品

プリント基板に実装される半導体パッケージやコネクタを知る
編集部

　ここでは，プリント配線板に部品を実装される部品に注目します．回路を元にプリント基板を設計するためには，使用する部品を選定する必要があります．

　電子部品の中には，機能が同じでも，特性が大きく異なるものがあります．また，機能や特性が同じであっても，複数の形状（パッケージ）で提供されているものもあります．最適な部品を選択するためには，部品の特性や形状に関する知識が不可欠です．

　また，ASICのようなカスタム部品を活用する設計では，パッケージをある程度自由に選択できる場合もあります．このような場合でも，最適なパッケージを選択する必要があります．

　ここでは，電子部品の選択や，電子部品の形状に関する技術について解説している記事をまとめています．

　本書付属CD-ROMにPDFで収録した電子部品に関する記事の一覧を**表1**に示します．

表1　電子部品に関する記事の一覧（複数に分類される記事は，他の章で概要を紹介している場合がある）

記事タイトル	掲載号	ページ数	PDFファイル名
ノイズ対策部品 使い方のすべて	トランジスタ技術 2001年10月号	21	2001_10_176.pdf
スイッチング電源のためのコイル	トランジスタ技術 2003年10月号	5	2003_10_180.pdf
最新 半導体パッケージの基礎知識	トランジスタ技術 2004年7月号	13	2004_07_207.pdf
最新！半導体パッケージの電気的特性と選択	トランジスタ技術 2004年8月号	10	2004_08_237.pdf
電子部品選びの基礎知識	トランジスタ技術 2005年8月号	15	2005_08_108.pdf
マイコン周辺の電子部品選びコモンセンス	トランジスタ技術 2005年8月号	11	2005_08_123.pdf
ディジタル回路の電子部品選びコモンセンス	トランジスタ技術 2005年8月号	9	2005_08_134.pdf
アナログ回路の電子部品選びコモンセンス	トランジスタ技術 2005年8月号	9	2005_08_143.pdf
電源回路の電子部品選びコモンセンス	トランジスタ技術 2005年8月号	12	2005_08_152.pdf
高周波回路の電子部品選びコモンセンス	トランジスタ技術 2005年8月号	9	2005_08_164.pdf
コネクタとケーブル	トランジスタ技術 2006年11月号	7	2006_11_155.pdf
ノイズ対策部品と回路保護部品	トランジスタ技術 2006年11月号	8	2006_11_163.pdf
樹脂上に回路が作り込まれた小型デバイスMID	トランジスタ技術 2008年6月号	10	2008_06_159.pdf
配線長が短いピッチ変換基板	トランジスタ技術 2009年4月号	1	2009_04_216.pdf
チップ部品活用ワンポイント・プラス	トランジスタ技術 2010年8月号	5	2010_08_162.pdf
チップ・ノイズ対策部品のコモンセンス	トランジスタ技術 2010年9月号	13	2010_09_175.pdf
雷サージ対策に使える電子部品	トランジスタ技術 2010年9月号	2	2010_09_220.pdf
ビルドアップ基板を利用して テレビ電話向けMPEG-4モジュールを開発	Design Wave Magazine 2002年10月号	7	dw2002_10_072.pdf
システム設計者やPCB技術者のための 半導体パッケージ技術入門（前編）	Design Wave Magazine 2004年4月号	14	dw2004_04_128.pdf
システム設計者やPCB技術者のための 半導体パッケージ技術入門（中編）	Design Wave Magazine 2004年6月号	13	dw2004_06_114.pdf
システム設計者やPCB技術者のための 半導体パッケージ技術入門（後編）	Design Wave Magazine 2004年9月号	10	dw2004_09_125.pdf
FPC，コネクタ，ハーネスを使う際に 知っておきたい鉄則8か条	Design Wave Magazine 2006年7月号	11	dw2006_07_092.pdf
コネクタ＆FPCトラブル・シューティング 11連発！	Design Wave Magazine 2006年7月号	12	dw2006_07_103.pdf
システムLSIの課題を先端実装技術との融合で 乗り越える	Design Wave Magazine 2006年8月号	6	dw2006_08_096.pdf
シールド部材の種類と使い分けの勘どころ	Design Wave Magazine 2007年10月号	7	dw2007_10_098.pdf

特集 電子部品選びのコモンセンスABC

（トランジスタ技術 2005年8月号）

全65ページ

回路や基板を示しながら電子部品の選び方を解説した特集です（写真1）.

- **電子部品選びの基礎知識（15ページ）**

  電子部品の動向や特性の例を示した後，抵抗やコンデンサなどの受動部品と，コネクタなどの機構部品の形状を写真で示しています．

- **マイコン周辺の電子部品選びコモンセンス（11ページ）**

  PICマイコンの回路を例に，マイコン回路で使われる電子部品の種類と選択法を解説しています．

- **ディジタル回路の電子部品選びコモンセンス（9ページ）**

  無線LANのアクセス・ポイントを例に，使用している電子部品の種類と選択法を解説しています．熱対策部品やEMC関連部品も使用されています．

- **アナログ回路の電子部品選びコモンセンス（9ページ）**

  フィルタ回路を例に，アナログ回路で使われる電子部品の種類と選択法を解説しています．

- **電源回路の電子部品選びコモンセンス（12ページ）**

  AC入力のスイッチング電源，DC-DCコンバータ，リニア・レギュレータの三つの電源回路を例に，電源回路で使われる電子部品の種類と選択法を解説しています．

- **高周波回路の電子部品選びコモンセンス（9ページ）**

  PLLシンセサイザ方式受信機を例に，高周波回路で使われる電子部品の種類と選択法を解説しています．シールド・ケースの説明もあります．

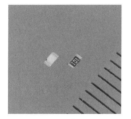  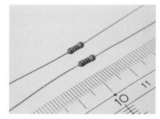 

（a）角形チップ固定抵抗器　　（b）多連チップ抵抗器　　（c）塗装絶縁型金属皮膜固定抵抗器　　（d）水晶振動子

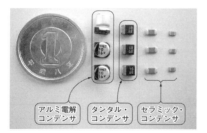 

（e）チップ・コンデンサ　　　　　　　　　　　　　　　（f）ヒートシンクの取り付け状態

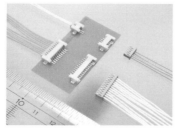 

（g）機器内部配線用コネクタ　　　　　　　　　　　　　（h）シールド・ケース

写真1　さまざまな部品の形状

特集 図解でわかる！電子部品の選び方

（トランジスタ技術 2006年11月号） 全9ページ

- コネクタとケーブル（3ページ）

  高周波回路向けのケーブルとコネクタについて，形状や選択法を解説しています（写真2）．

- ノイズ対策部品と回路保護部品（6ページ）

  デカップリングで用いるコンデンサとコイル，回路の保護で使用するヒューズ，サージ・ノイズ対策で用いるバリスタやツェナ・ダイオード，商用電源のノイズ上で使うライン・フィルタについて解説しています．

写真2 セミリジッド・ケーブル

樹脂上に回路が作り込まれた小型デバイス MID

（トランジスタ技術 2008年6月号） 10ページ

樹脂でできた立体的な成形物の表面に銅箔パターンを密着させ，さらにチップ部品を実装したモジュール部品「MID（Moduled Interconnect Device）」について，構造や適用事例，工法などを解説しています（図1）．

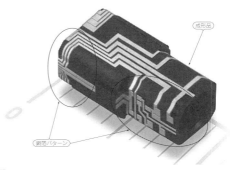

図1 MID

配線長が短いピッチ変換基板

（トランジスタ技術 2009年4月号） 1ページ

ユニバーサル基板を利用した回路の組み立てでは，表面実装部品を搭載する際にピッチ変換基板を使うことがあります．一般的なピッチ変換基板は，2.54mmピッチのランドまで信号線を引き出すため，配線長が長くなります．この記事では配線を短くできるピッチ変換基板を紹介しています．パスコン用のランドも備えており，ICを実装すると市販のモジュール部品のようになります（写真3）．

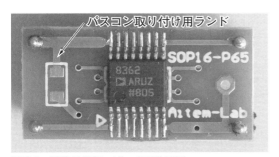

写真3 配線長が短いピッチ変換基板

チップ・ノイズ対策部品のコモンセンス

（トランジスタ技術 2010年9月号） 9ページ

伝送線路の電磁波ノイズ対策で用いられるフェライト・ビーズと，高周波ノイズ除去で使われる3端子コンデンサについて，構造や特徴，使い方を解説しています．

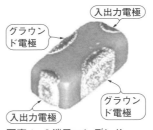

写真4 3端子コンデンサ

チップ部品活用 ワンポイント・プラス

（トランジスタ技術 2010年8月号）　**5ページ**

　回路設計や基板設計，機構設計におけるテクニックがまとめられています．問題が起こってしまっても後から対策しやすいようにあらかじめランドを用意しておいたり，0Ω抵抗を用いておくといったチップ部品の活用法や，表面実装コネクタの固定方法，スイッチにかかる力を逃がす方法など，部品の形状の合わせた設計テクニックがまとめられています（写真5）．

写真5　コネクタ部の補強

シールド部材の種類と使い分けの勘どころ

（Design Wave Magazine 2007年10月号）　**7ページ**

　EMC対策として用いられるシールド製品について，種類や材料，取り付け方法などを説明しています．シールド・カバーとプリント基板を電気的に接続させる際に使用する部材や，筐体の密閉度を高める部材，電磁吸収体など，開口部をふさぐ部材，電磁波を吸収する部材などが数多く取り上げられています（写真6）．

写真6　クッション性のある導電材料

システムLSIの課題を先端実装技術との融合で乗り越える

（Design Wave Magazine 2006年8月号）　**6ページ**

　シリコン基板上にチップを直接実装してしまうSiS（Silicon in Silicon）技術についての解説です．複数の512ビット幅DRAMチップとASICチップをシリコン・インターポーザとマイクロバンプで接続することで，4Gバイト/s以上の帯域のデータ転送を実現した事例が説明されています（写真7）．

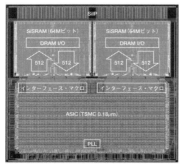

写真7　SiS技術の適用例

特集2 フレキ＆コネクタを知らずして，システム設計を語ることなかれ

（Design Wave Magazine 2006年7月号）　**全19ページ**

- FPC，コネクタ，ハーネスを使う際に知っておきたい鉄則8か条（11ページ）

　FPCやコネクタの性能を引き出すためのルールについて解説しています．接触抵抗や配線インピーダンス，ノイズ対策，構造上の問題などについて説明しています（写真8）．

- コネクタ＆FPCトラブル・シューティング11連発！（8ページ）

　コネクタやケーブルが原因になった問題とその解決法がまとめられています．

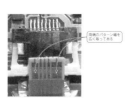

写真8　電源部を大きくとったコネクタ

システム設計者やPCB技術者のための半導体パッケージ技術入門

（Design Wave Magazine 2004年4月号/6月号/9月号） **全37ページ**

　一つの半導体パッケージに複数のチップを収納するSiP(System in Package)を開発する技術者に向けた，半導体パッケージや実装技術の基礎解説です（図2）．

- 前編：パッケージの構造と製造方法
  （4月号，14ページ）
- 中編：パッケージの適用例と設計手順
  （6月号，13ページ）
- 後編：パッケージ選択・利用時の注意点とトラブル対策（9月号，10ページ）

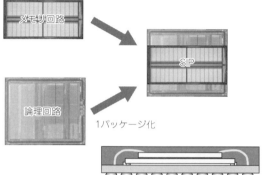
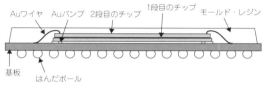
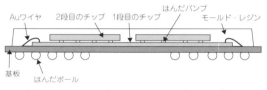

図2　SiPの構造例

最新 半導体パッケージの基礎知識

（トランジスタ技術 2004年7月号）　**13ページ**

　電子機器設計者や実装技術者に向けた半導体パッケージの解説です．半導体パッケージの役割から，実装方法による分類，用途ごとのパッケージの選択方法，プリント基板のランド・パターン設計などについてまとめられています（図3）．

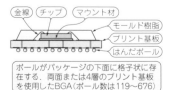

図3　BGAパッケージの例

最新！半導体パッケージの電気的特性と選択

（トランジスタ技術 2004年8月号）　**10ページ**

　高速・小電力・多端子といった時代の流れに合わせて進化している半導体パッケージ技術についての解説です．半導体の電気的特性やノイズ問題など，半導体パッケージの視点から説明されています（図4）．

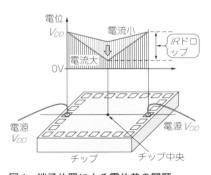

図4　端子位置による電位差の問題

第9章　ノイズ対策技術

シグナル・インテグリティ/パワー・インテグリティ/EMCの基本と対策部品の使い方
編集部

　ここでは，ノイズ対策技術に注目します．ノイズ問題には，自らが放出する電磁場により外部に影響を与える場合と，外部から受ける電磁場によって誤動作してしまう場合があり，機器設計においてはこの両面の対策が必要になります．

　電子回路は，プリント基板の配線パターンの引き方次第で，ノイズの多い信号になったり，外部にノイズをばらまいてしまったりすることがあり，プリント基板設計とノイズ対策技術は密接な関係があります．プリント基板設計技術の記事は第4章にまとめましたが，その中でもノイズ対策技術がテーマになっている記事を本章で紹介しています．また，プリント基板設計にかかわらないノイズ対策技術の記事もここで取り上げます．

　本書付属CD-ROMにPDFで収録したノイズ対策技術に関する記事の一覧を**表1**に示します．

表1　ノイズ対策技術に関する記事の一覧（複数に分類される記事は，他の章で概要を紹介している場合がある）

記事タイトル	掲載号	ページ数	PDFファイル名
ロー・ノイズ・アンプ回路の基礎	トランジスタ技術 2001年3月号	6	2001_03_297.pdf
ノイズの世界	トランジスタ技術 2001年10月号	5	2001_10_160.pdf
実験で見るノイズのふるまいと対策の基礎	トランジスタ技術 2001年10月号	11	2001_10_165.pdf
ノイズ対策部品 使い方のすべて	トランジスタ技術 2001年10月号	21	2001_10_176.pdf
アナログ・ディジタル混在回路のノイズ対策	トランジスタ技術 2001年10月号	4	2001_10_197.pdf
USB & IEEE 1394 I/Fケーブルのノイズ対策	トランジスタ技術 2001年10月号	8	2001_10_211.pdf
AC電源ラインのノイズ対策	トランジスタ技術 2001年10月号	6	2001_10_219.pdf
高速ディジタル・インターフェースのノイズ対策	トランジスタ技術 2001年10月号	7	2001_10_225.pdf
オンボードDC-DCコンバータの上手な使い方	トランジスタ技術 2002年2月号	15	2002_02_168.pdf
確実に動作する絶縁型DC-DCコンバータ設計指南	トランジスタ技術 2002年2月号	11	2002_02_218.pdf
パワー回路基板設計の鉄則10か条	トランジスタ技術 2003年6月号	9	2003_06_169.pdf
高速ディジタル回路基板の設計ポイント	トランジスタ技術 2003年6月号	13	2003_06_178.pdf
ディジタル回路のトラブル対策	トランジスタ技術 2003年9月号	16	2003_09_130.pdf
コイルの種類と特徴	トランジスタ技術 2003年10月号	8	2003_10_171.pdf
スイッチング電源のためのコイル	トランジスタ技術 2003年10月号	5	2003_10_180.pdf
高周波の基礎の基礎	トランジスタ技術 2003年11月号	12	2003_11_127.pdf
第2の部品「伝送線路」のふるまい	トランジスタ技術 2003年11月号	4	2003_11_141.pdf
基板に作り込むアンテナのシミュレーション	トランジスタ技術 2003年11月号	6	2003_11_190.pdf
知っておこう！ノイズ規制と測定法	トランジスタ技術 2003年12月号	9	2003_12_269.pdf
ノイズ対策技術の代表的な名著	トランジスタ技術 2004年2月号	1	2004_02_268.pdf
3端子コンデンサの実力と使い方	トランジスタ技術 2004年4月号	6	2004_04_246.pdf
電波干渉による問題の防止 あなたの製品は大丈夫ですか？	トランジスタ技術 2004年5月号	1	2004_05_243.pdf
高速ロジックICは同時スイッチング・ノイズの影響を受けやすい	トランジスタ技術 2004年9月号	2	2004_09_189.pdf
高速クロック信号の終端に関する考察	トランジスタ技術 2005年2月号	11	2005_02_252.pdf

記事タイトル	掲載号	ページ数	PDFファイル名
EMCの七つ道具	トランジスタ技術 2005年4月号	2	2005_04_274.pdf
電流プローブを作る	トランジスタ技術 2005年5月号	2	2005_05_258.pdf
電流プローブの使いかた	トランジスタ技術 2005年6月号	2	2005_06_266.pdf
磁界を検出するアンテナを作る	トランジスタ技術 2005年7月号	2	2005_07_290.pdf
CDプレーヤ基板のノイズ源を探る	トランジスタ技術 2005年8月号	2	2005_08_266.pdf
分散の法則	トランジスタ技術 2005年9月号	2	2005_09_274.pdf
ノイズ源の探しかた	トランジスタ技術 2005年10月号	2	2005_10_290.pdf
配線やケーブルからのノイズ放出を食い止める	トランジスタ技術 2005年11月号	2	2005_11_282.pdf
コモン・モードと電磁界分布	トランジスタ技術 2005年12月号	2	2005_12_274.pdf
コモン・モード発生のしくみ	トランジスタ技術 2006年1月号	2	2006_01_274.pdf
豚の尻尾にコモン・モード	トランジスタ技術 2006年2月号	2	2006_02_274.pdf
ディファレンシャル・モード	トランジスタ技術 2006年3月号	2	2006_03_278.pdf
電磁妨害の予防対策…その1：発生源への対応	トランジスタ技術 2006年5月号	2	2006_05_280.pdf
電磁妨害の予防対策…その2：ワイヤリング	トランジスタ技術 2006年6月号	2	2006_06_266.pdf
電磁妨害の予防対策…その3：パターニング	トランジスタ技術 2006年7月号	2	2006_07_272.pdf
電磁妨害の予防対策…その4：リターン回路の欠落	トランジスタ技術 2006年8月号	2	2006_08_272.pdf
電磁妨害の予防対策…その5：グラウンディング	トランジスタ技術 2006年9月号	2	2006_09_264.pdf
電磁妨害の予防対策…その6：シールディング	トランジスタ技術 2006年10月号	2	2006_10_264.pdf
ノイズ対策部品と回路保護部品	トランジスタ技術 2006年11月号	8	2006_11_163.pdf
電磁妨害の予防対策…その7：フィルタリング	トランジスタ技術 2006年11月号	2	2006_11_274.pdf
電磁妨害の予防対策…その8：フィルタリング(続)	トランジスタ技術 2006年12月号	2	2006_12_266.pdf
スイッチング電源の放射ノイズを抑える定石	トランジスタ技術 2007年6月号	1	2007_06_264.pdf
絶縁アンプによるコモン・モード・ノイズ対策	トランジスタ技術 2008年5月号	13	2008_05_185.pdf
ディジタル・アイソレータを使いこなす	トランジスタ技術 2008年10月号	10	2008_10_180.pdf
ノイズって何？ EMC，EMI，EMSって何？	トランジスタ技術 2008年12月号	1	2008_12_268.pdf
VCCIって何？ EMC規格って何？	トランジスタ技術 2009年1月号	1	2009_01_278.pdf
ノイズ対策はどのようにして行うのですか？	トランジスタ技術 2009年2月号	1	2009_02_264.pdf
ノイズの伝わり方は？ ノーマルとコモンの違いは？	トランジスタ技術 2009年3月号	1	2009_03_254.pdf
ノイズ対策の具体的な方法	トランジスタ技術 2009年4月号	1	2009_04_254.pdf
保護回路と熱／ノイズ対策の常識	トランジスタ技術 2009年5月号	9	2009_05_166.pdf
ノイズ対策にはどんな電子部品を使いますか？	トランジスタ技術 2009年5月号	1	2009_05_254.pdf
チップ・インダクタとチップ・ビーズの違い(その1)	トランジスタ技術 2009年6月号	1	2009_06_230.pdf
チップ・インダクタとチップ・ビーズの違い(その2)	トランジスタ技術 2009年7月号	1	2009_07_242.pdf
高周波LCフィルタ基板設計の勘所	トランジスタ技術 2009年8月号	8	2009_08_165.pdf
バイパス・コンデンサの役割と実装点数の減らし方	トランジスタ技術 2009年8月号	1	2009_08_238.pdf
ケーブル放射ノイズの低減方法	トランジスタ技術 2009年9月号	1	2009_09_234.pdf
AC電源用EMCフィルタの接続方法	トランジスタ技術 2009年10月号	1	2009_10_222.pdf
パチパチ・ノイズ四つの原因	トランジスタ技術 2010年2月号	2	2010_02_228.pdf
パルス性ノイズ対策試験に使う測定器	トランジスタ技術 2010年3月号	3	2010_03_225.pdf
雷／静電気対策部品の種類と使い方	トランジスタ技術 2010年4月号	11	2010_04_199.pdf
インパルス・ノイズ試験器の原理と使い方	トランジスタ技術 2010年5月号	3	2010_05_225.pdf
ノイズ対策と安全規格	トランジスタ技術 2010年6月号	7	2010_06_140.pdf
直流電源入力端子に侵入するインパルス・ノイズ対策	トランジスタ技術 2010年6月号	3	2010_06_219.pdf
発熱＆ノイズ源「電源」の回路検討と配線術	トランジスタ技術 2010年7月号	8	2010_07_076.pdf
雷サージ試験の原理と規格	トランジスタ技術 2010年7月号	2	2010_07_228.pdf
電源ラインや通信回線への雷サージ試験	トランジスタ技術 2010年8月号	3	2010_08_210.pdf
第7問 電源からの雑音の侵入を阻止	トランジスタ技術 2010年8月号	1	2010_08_226.pdf
雷サージ対策に使える電子部品	トランジスタ技術 2010年9月号	2	2010_09_220.pdf
第7問のこたえ 電源からの雑音の侵入を阻止	トランジスタ技術 2010年9月号	1	2010_09_222.pdf
静電気試験の方法	トランジスタ技術 2010年10月号	2	2010_10_220.pdf
部品ときょう体による静電気試験対策	トランジスタ技術 2010年11月号	2	2010_11_224.pdf
環境／安全	トランジスタ技術 2010年12月号	4	2010_12_161.pdf

記事タイトル	掲載号	ページ数	PDFファイル名
反射の原理とその対策	Design Wave Magazine 2001年1月号	7	dw2001_01_142.pdf
高速ディジタル時代に対応する回路設計手法	Design Wave Magazine 2001年2月号	21	dw2001_02_020.pdf
負荷，グラウンド・バウンス，クロストークの原理とその対策	Design Wave Magazine 2001年2月号	16	dw2001_02_142.pdf
電磁放射ノイズの原理とその対策	Design Wave Magazine 2001年4月号	11	dw2001_04_148.pdf
伝送線路シミュレータの導入に失敗しないためのポイント（前編）	Design Wave Magazine 2001年5月号	10	dw2001_05_156.pdf
高速ディジタル・ボードのシグナル・インテグリティ対策とEMI対策	Design Wave Magazine 2001年6月号	10	dw2001_06_044.pdf
伝送線路シミュレータの導入に失敗しないためのポイント（後編）	Design Wave Magazine 2001年7月号	8	dw2001_07_128.pdf
GHzディジタル回路の電源デカップリングと信号配線の設計法	Design Wave Magazine 2002年3月号	14	dw2002_03_115.pdf
PICマイコン・ボードのコスト試算，安全規格対応からノイズ対策まで	Design Wave Magazine 2002年5月号	15	dw2002_05_068.pdf
高周波信号におけるノイズの発生のメカニズムとその対策	Design Wave Magazine 2003年7月号	6	dw2003_07_078.pdf
ノイズ対策とピン配置の最適化で，装置メーカと半導体メーカの協力が不可欠に	Design Wave Magazine 2006年8月号	10	dw2006_08_076.pdf
シミュレーションの"違い"がわかる設計技術者になろう	Design Wave Magazine 2006年8月号	10	dw2006_08_086.pdf
筐体内の電磁界とEMC問題（その1）	Design Wave Magazine 2006年9月号	8	dw2006_09_127.pdf
筐体内の電磁界とEMC問題（2）	Design Wave Magazine 2006年10月号	9	dw2006_10_123.pdf
EMC規格の位置づけとテスト方法	Design Wave Magazine 2007年9月号	16	dw2007_09_040.pdf
ノイズを抑える設計テクニック＆ノウハウ18連発！	Design Wave Magazine 2007年9月号	8	dw2007_09_056.pdf
EMC対策・設計事例集	Design Wave Magazine 2007年9月号	14	dw2007_09_082.pdf

特集2 デバイス，パッケージ，ボードの全体最適設計

（Design Wave Magazine 2006年8月号）　　全20ページ

半導体チップ，パッケージ，プリント基板の協調設計について解説した特集です．

● ノイズ対策とピン配置の最適化で，装置メーカと半導体メーカの協力が不可欠に（10ページ）

半導体チップ，パッケージ，プリント基板の協調設計の概念を説明しています．また協調設計で求められる，信号品質や電源変動，電磁波妨害にかかわる問題について解説しています（図1）．

● シミュレーションの"違い"が分かる設計技術者になろう（10ページ）

信号品質や電源変動，電磁波妨害の解析で用いる回路シミュレータや伝送線路シミュレータ，電磁界シミュレータについて解説しています．

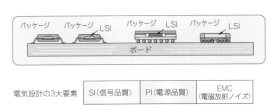
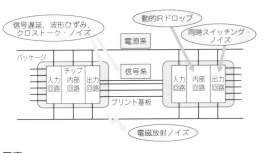

図1　半導体チップ，パッケージ，プリント基板の協調設計の要素

連載 基礎から学ぶ『EMI&シグナル・インテグリティ』

(Design Wave Magazine 2001年1月号～7月号)

全52ページ

正しく動作する回路を設計するに当たって必要な信号波形の品質について解説した連載です．

● 反射の原理とその対策
 (2001年1月号, 7ページ)

ドライバからレシーバまでの伝送線路のインピーダンスが均一でないために起こる反射について，シミュレータの波形とともに解説しています(図2)．

● 負荷，グラウンド・バウンス，クロストークの原理とその対策(2001年2月号, 16ページ)

信号ノイズの間接的な原因となる，負荷(ファンアウト数の影響)，グラウンド・バウンス(同時スイッチングの影響)，クロストーク・ノイズ(配線パターンの影響)について，シミュレータの波形とともに解説しています(図3)．

● 電磁放射ノイズの原理とその対策
 (2001年4月号, 11ページ)

プリント基板とケーブルから発生する放射ノイズを中心に，原理と対策を説明しています．

● 伝送線路シミュレータの導入に失敗しないためのポイント(前編)(2001年5月号, 10ページ)

伝送線路シミュレータを効率良く運用するための注意点を解説しています．

● 伝送線路シミュレータの導入に失敗しないためのポイント(後編)(2001年7月号, 8ページ)

伝送線路シミュレータを活用するために必要なデバイス・モデルの入手方法や，シミュレーションの精度について解説しています．

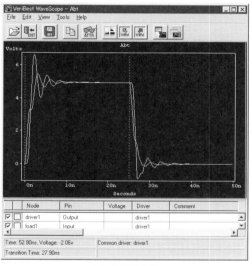

(a) 負荷が1個

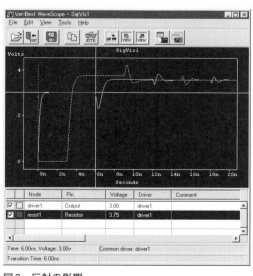

図2 反射の影響

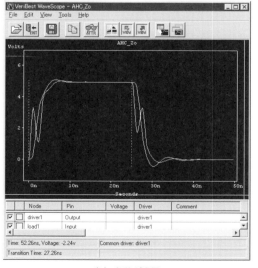

(b) 負荷が6個

図3 負荷の影響

筐体内の電磁界とEMC問題

（Design Wave Magazine 2006年9月号/10月号）

前編8ページ　**後編9ページ**

　マイクロ波の電力伝送で使われる導波管の電磁界を解析し，原理を解説しています．筐体を空洞共振器，開口部を共振器の結合孔と見立てると，導波管における現象は，機器の筐体内の現象とも考えることができます（図4）．

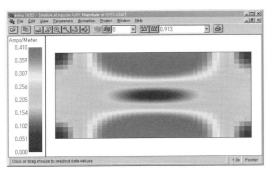

図4　機器の筐体のモデルと天板の表面電流分布

特集1 ネットワーク化時代のEMC設計入門

（Design Wave Magazine 2007年9月号）　**全24ページ**

- **EMC規格の位置づけとテスト方法（16ページ）**
　EMCに関する規格を整理し，テスト方法について説明しています（図5）．
- **ノイズを抑える設計テクニック＆ノウハウ18連発！（8ページ）**
　後から行う従来型EMC対策ではなく，設計段階で施策を盛り込む「EMC設計」について解説しています．

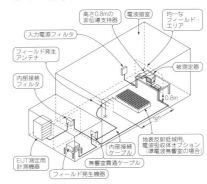

図5 放射電磁界イミュニティ・テスト

特集 聖域なきノイズ対策

（トランジスタ技術 2001年10月号）　**全29ページ**

　実験を通してノイズのふるまいや，さまざまな対策部品の使い方を解説した特集です．
- **ノイズの世界（5ページ）**
　身の回りのさまざまなノイズを整理し，具体的なトラブル事例を紹介しています．
- **実験で見るノイズのふるまいと対策の基礎（11ページ）**

　ノイズの伝わり方と対策の基本について，実験を行いながら解説しています（図6）．
- **ノイズ対策部品 使い方のすべて（13ページ）**
　3端子フィルタ，チップ・バリスタ，コモン・モード・フィルタ，電源用EMCフィルタについて，特徴や使い方を解説しています．

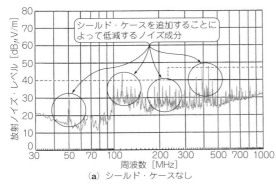
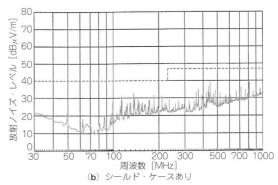

図6　シールド・ケースの効果

連載 転ばぬ先のノイズ対策

(トランジスタ技術 2005年4月号〜2006年12月号)

全40ページ

事後対策ではなく，あらかじめ放出する電磁波を抑え，受ける電磁波に対する耐性を高める設計技術を解説した連載です(写真1)．

- EMCの七つ道具
  (2005年4月号，2ページ)
- 電流プローブを作る
  (2005年5月号，2ページ)
- 電流プローブの使いかた
  (2005年6月号，2ページ)
- 磁界を検出するアンテナを作る
  (2005年7月号，2ページ)
- CDプレーヤ基板のノイズ源を探る
  (2005年8月号，2ページ)
- 分散の法則(2005年9月号，2ページ)
- ノイズ源の探しかた(2005年10月号，2ページ)
- 配線やケーブルからのノイズ放出を食い止める(2005年11月号，2ページ)
- コモン・モードと電磁界分布
  (2005年12月号，2ページ)
- コモン・モード発生のしくみ
  (2006年1月号，2ページ)
- 豚の尻尾にコモン・モード
  (2006年2月号，2ページ)
- ディファレンシャル・モード
  (2006年3月号，2ページ)
- 電磁妨害の予防対策…その1：発生源への対応
  (2006年5月号，2ページ)
- 電磁妨害の予防対策…その2：ワイヤリング
  (2006年6月号，2ページ)
- 電磁妨害の予防対策…その3：パターニング
  (2006年7月号，2ページ)
- 電磁妨害の予防対策…その4：リターン回路の欠落(2006年8月号，2ページ)
- 電磁妨害の予防対策…その5：グラウンディング
  (2006年9月号，2ページ)
- 電磁妨害の予防対策…その6：シールディング
  (2006年10月号，2ページ)
- 電磁妨害の予防対策…その7：フィルタリング
  (2006年11月号，2ページ)
- 電磁妨害の予防対策…その8：フィルタリング(続) (2006年12月号，2ページ)

(a) 電流プローブ

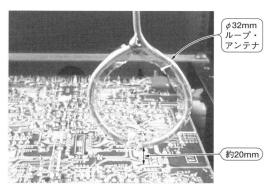

(c) φ32mmループ・アンテナは基板から20mm程度浮かして使う

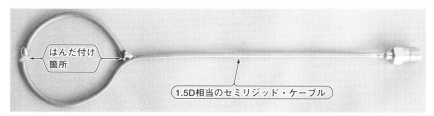

(b) ループ・アンテナ

写真1 ノイズ観測のツール類と使用例

連載 はじめてのノイズ対策Q&A

(トランジスタ技術 2008年12月号～2009年10月号) 　**全11ページ**

ノイズ対策技術についてQ&A式に解説した連載です(図7).

- ノイズって何？/EMC，EMI，EMSって何？ (2008年12月号，1ページ)
- VCCIって何？/EMC規格って何？ (2009年1月号，1ページ)
- ノイズ対策はどのようにして行うのですか？ (2009年2月号，1ページ)
- ノイズの伝わり方は？/ノーマルとコモンの違いは？(2009年3月号，1ページ)
- ノイズ対策の具体的な方法 (2009年4月号，1ページ)
- ノイズ対策にはどんな電子部品を使いますか？(2009年5月号，1ページ)
- チップ・インダクタとチップ・ビーズの違い (その1) (2009年6月号，1ページ)
- チップ・インダクタとチップ・ビーズの違い (その2) (2009年7月号，1ページ)
- バイパス・コンデンサの役割と実装点数の減らし方(2009年8月号，1ページ)
- ケーブル放射ノイズの低減方法 (2009年9月号，1ページ)
- AC電源用EMCフィルタの接続方法 (2009年10月号，1ページ)

図7　バイパス・コンデンサの接続と使用する部品

高速ロジックICは同時スイッチング・ノイズの影響を受けやすい

(トランジスタ技術 2004年9月号) 　**2ページ**

立ち上がりや立ち下がりの緩やかな信号を入力した実験から，高速ロジックICでは同時スイッチング・ノイズによって信号が乱れることを示しています．

高速ディジタル時代に対応する回路設計手法

(Design Wave Magazine 2001年2月号) 　**21ページ**

プリント基板やLSIにおける直流電源分配回路とEMC問題との関係について解説しています．規格適合化対策としては，信号線におけるノイズ対策ではなく，電源線におけるノイズ対策だと指摘しています．

高速クロック信号の終端に関する考察

(トランジスタ技術 2005年2月号) 　**11ページ**

高速信号の品質を確保するために，さまざまな終端方式があります(図8)．この記事では，終端方式を使い方の面から整理し，シミュレーションによって効果を示しています．

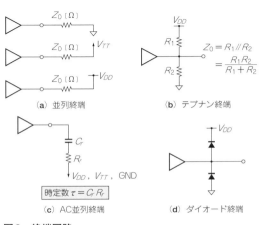

図8　終端回路

GHzディジタル回路の電源デカップリングと信号配線の設計法

（Design Wave Magazine 2002年3月号）　14ページ

　ノイズの影響を考慮した高速ディジタルLSIや高速ディジタル・ボードの設計法を解説しています．GHzオーダの回路の設計では，配線を伝搬する信号を電磁波と見なす必要があると指摘しています．電磁漏えいを抑制する低インピーダンス線路素子も紹介しています（図9）．

(a) 外観

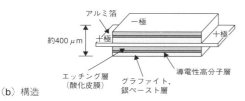
(b) 構造

図9　低インピーダンス線路素子

高周波信号におけるノイズの発生のメカニズムとその対策

（Design Wave Magazine 2003年7月号）　6ページ

　マイクロストリップ線路とストリップ線路の構造や，特性インピーダンスの計算方法について解説しています．また，クロストーク・ノイズや反射ノイズの発生原因と対策についても説明しています．

高速ディジタル時代に対応する回路設計手法

（トランジスタ技術 2003年9月号）　14ページ

　ディジタル回路におけるトラブル原因の追及と対策の手順について解説しています．論理設計以外の設計上のトラブルとして，クロック信号の品質やグラウンド・バウンスなどがあることを説明しています．

特集 はじめての高周波回路設計

（トランジスタ技術 2003年11月号）　全22ページ

- **高周波の基礎の基礎（12ページ）**
　高周波回路に起こる，低周波回路とは異なる独特な現象について解説しています．信号の反射についても詳しく説明しています（図10）．
- **第2の部品「伝送線路」のふるまい（4ページ）**
　伝送線路の特性インピーダンスとの意味と，扱い方について解説しています．インピーダンスの不連続部では反射が起こります．
- **基板に作り込むアンテナのシミュレーション（6ページ）**

　意図しない電磁場の放出は抑える必要がありますが，意図的に電波を放出する際には適切な設計によるアンテナを用いて効率を高める必要があります（写真2）．この記事では，アンテナのふるまいと設計のポイントを解説しています．

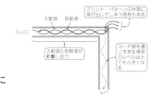
図10　プリント・パターンによる反射

(a) チップ多層アンテナ

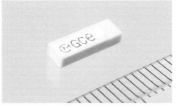
(b) チップ誘電体アンテナ

(c) Bluetooth用セラミック・パッチ・アンテナ

写真2　チップ・アンテナ

特集 最新オンボード電源活用法

（トランジスタ技術 2002年2月号）　全26ページ

- オンボードDC-DCコンバータの上手な使い方（15ページ）

オンボードDC-DCコンバータを活用する際のキーワードとして，コモン・モード・ノイズやノーマル・モード・ノイズ，同相ノイズがキーワードとして挙げられています．これらのほか，DC-DCコンバータの金属ケースによるノイズ低減効果（**図11**），スイッチング・ノイズ，リプル・ノイズなどについて解説しています．

低ノイズDC-DCコンバータの回路技術についても紹介しています（**写真3**）．

- 確実に動作する絶縁型DC-DCコンバータ設計指南（11ページ）

放熱対策とプリント基板設計，スイッチング・ノイズなどについて解説しています．

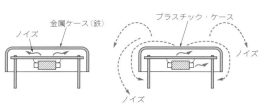

図11　金属ケースによるノイズ低減効果

写真3　低ノイズDC-DCコンバータ

ロー・ノイズ・アンプ回路の基礎

（トランジスタ技術 2001年3月号）　6ページ

2.4 GHzの送受信システムで使われているロー・ノイズ・アンプ回路の設計に関する解説の一部です．微弱な信号をノイズに埋もれさせないために求められる特性について解説しています．雑音指数を低く，ゲインを高くする必要があります（**図12**）．

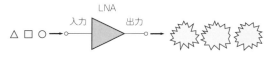

図12　雑音指数と信号の変化の関係

絶縁アンプによるコモン・モード・ノイズ対策

（トランジスタ技術 2008年5月号）　13ページ

コモン・モード・ノイズが発生するしくみと対策方法について解説しています．そのうえで，信頼性の高い計測の際に絶縁アンプが必要になることが説明されています．コモン・モード信号を絶つために使う，光絶縁アンプを設計しています（**図13**）．また，応用例として4－20 mA電流ループもあります．市販の絶縁アンプの実力も評価しています．

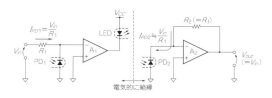

図13　フォトカプラを使った絶縁アンプの基本回路

コイルの種類と特徴

(トランジスタ技術 2003年10月号)　8ページ

コイルの種類と特徴を，巻き線構造，実装形態，磁芯材料，用途で分けて説明しています．用途別として，ノイズ除去用コイルを取り上げています．具体的には，フェライト・ビーズ・インダクタとコモン・モード・チョーク・コイルです(図14)．また，ノイズ対策で用いられるシールド・ケースが，コイルの作り出す磁束に影響して，インダクタンスが下がってしまう問題にも言及しています．

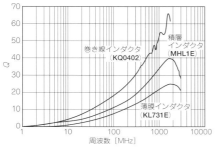

図14　フェライト・ビーズ・インダクタの周波数特性

スイッチング電源のためのコイル

(トランジスタ技術 2003年10月号)　5ページ

スイッチング電源の中で使われているコイルについての解説です．高調波電流を外部に漏らさないためにも，ノイズ対策用コイルとしてノーマル・モード・コイルとコモン・モード・コイルを説明しています(写真4)．

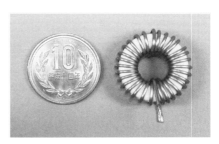

写真4　ノーマル・モード・コイル

3端子コンデンサの実力と使い方

(トランジスタ技術 2004年4月号)　6ページ

ノイズの発生理由から，デカップリング・コンデンサの選び方や実装法までを解説しています．高調波電源電流を効果的に除去できる3端子コンデンサの，構造や特性について説明しています(図15)．

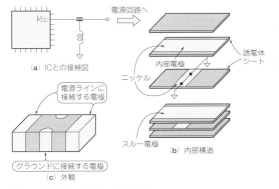

図15　3端子コンデンサの構造

ディジタル・アイソレータを使いこなす

(トランジスタ技術 2008年10月号)　10ページ

ディジタル回路向けに作られた絶縁用ICであるディジタル・アイソレータについての解説です．ディジタル回路のノイズがアナログ回路に影響するのを防ぐためにも使われます(図16)．

ディジタル・アイソレータの動作原理についての説明もあります．

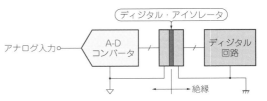

図16　ディジタル・アイソレータを使ったディジタル部とアナログ部の分離

サージ対策の処方せん

（トランジスタ技術 2010年2月号～11月号）　**全22ページ**

機器を誤動作させたり破壊したりするインパルス・ノイズや雷サージの対策について解説したコーナです．対策部品のほか，試験方法についても詳細に取り上げています（写真5）．

- パチパチ・ノイズ四つの原因
  （2010年2月号，2ページ）
- パルス性ノイズ対策試験に使う測定器
  （2010年3月号，3ページ）
- インパルス・ノイズ試験器の原理と使い方
  （2010年5月号，3ページ）
- 直流電源入力端子に侵入するインパルス・ノイズ対策（2010年6月号，3ページ）
- 雷サージ試験の原理と規格
  （2010年7月号，2ページ）
- 電源ラインや通信回線への雷サージ試験
  （2010年8月号，3ページ）
- 雷サージ対策に使える電子部品
  （2010年9月号，2ページ）
- 静電気試験の方法（2010年10月号，2ページ）
- 部品ときょう体による静電気試験対策
  （2010年11月号，2ページ）

(a) 酸化亜鉛バリスタ（ZNR）　(b) アレスタ（2極管タイプ）　(c) アレスタ（3極管タイプ）　(d) アレスタ（表面実装タイプ）

写真5　雷サージの対策部品

雷／静電気対策部品の種類と使い方

（トランジスタ技術 2010年4月号）　**11ページ**

サージの発生源として，雷放電や静電気放電があります．これらのサージから電子機器を守る方法について解説しています．対策部品の種類と選択法のほか，交流電源の共振対策や通信ラインのサージ対策，静電気サージ対策の事例があります（写真6）．

写真6　交流電源におけるサージ対策部品の使用例

保護回路と熱／ノイズ対策の常識

（トランジスタ技術 2009年5月号）　**9ページ**

電源回路設計に関する特集の一部です．ノイズ対策技術として，以下のような記事があります．
① べたグラウンド・パターンのノイズ低減効果（図17）
② アモルファス・ビーズのノイズ低減効果
③ スイッチング電源のノイズ発生経路
④ コンデンサで抑えられるノイズの種類
⑤ スイッチング周波数の選定とノイズ規制の関係

これらのほか，熱対策や過電圧対策に関する記事もあります．

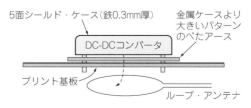

図17　金属ケースの開口部とべたグラウンド・パターン

詰め回路 第7問
電源からの雑音の侵入を阻止

(トランジスタ技術 2010年8月号/9月号)

[問題1ページ] [解答1ページ]

単電源・非反転アンプの出力に可聴帯域のノイズが乗ってしまった事例です．四つの回路案から正しい解決策を答える問題と解答です．

知っておこう！
ノイズ規制と測定法

(トランジスタ技術 2003年12月号) [9ページ]

EMCの定義から，国内外の規制の種類についてまとめています．また，試験項目や試験方法について，細かく説明しています(写真7)．

ノイズ対策技術の代表的な名著

(トランジスタ技術 2004年2月号) [1ページ]

理論と現実の両方を兼ね備えたノイズの専門書として「Noise Reduction Techniques in Electronics Systems 2nd Edition」と「Introduction to Electromagnetic Compatibillity」の2冊紹介しています．

写真7 電波暗室におけるイミュニティ試験

ノイズ対策と安全規格

(トランジスタ技術 2010年6月号) [7ページ]

電源用部品に関する特集の一部です．スイッチングによって生じるノイズを除去するための部品や，安全規格／ノイズ規格についてまとめています．ノイズ対策部品としては，ACライン・フィルタやXコンデンサ/Yコンデンサ，アモビーズを取り上げています(写真8)．

電波干渉による問題の防止
あなたの製品は大丈夫ですか？

(トランジスタ技術 2004年5月号) [1ページ]

「知っておこう！ノイズ規制と測定法」(トランジスタ技術 2003年12月号)の筆者による，機器の開発者に向けたメッセージです．

環境／安全

(トランジスタ技術 2010年12月号) [4ページ]

「エレクトロニクス比べる図鑑」と題して，さまざまな製品や部品の技術を比べながら説明した特集の一部です．ノイズに関しては，主要国の安全規格と認証マーク，主要国のEMC規格と適合マークをまとめています．

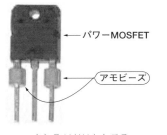

(a) 外観　　(b) 取り付けたところ

写真8 アモビーズ

第10章 ノイズ対策事例

低ノイズ回路設計からEMC対策まで
編集部

　ここでは，ノイズ対策事例について解説している記事をまとめています．設計時にノイズ問題を考慮した事例と，トラブルになった後に対策した事例の両方があります．

　本書付属CD-ROMにPDFで収録したノイズ対策事例に関する記事の一覧を**表1**に示します．

　第9章で特集や連載としてまとめられている記事の中にも，数多くの対策事例が含まれますので，参照してください．

表1　ノイズ対策事例に関する記事の一覧（複数に分類される記事は，他の章で概要を紹介している場合がある）

記事タイトル	掲載号	ページ数	PDFファイル名
アナログ・ディジタル混在回路のノイズ対策	トランジスタ技術 2001年10月号	4	2001_10_197.pdf
USB & IEEE 1394 I/Fケーブルのノイズ対策	トランジスタ技術 2001年10月号	8	2001_10_211.pdf
AC電源ラインのノイズ対策	トランジスタ技術 2001年10月号	6	2001_10_219.pdf
高速ディジタル・インターフェースのノイズ対策	トランジスタ技術 2001年10月号	7	2001_10_225.pdf
シリアル・インターフェースのノイズ・トラブル対策事例	トランジスタ技術 2001年11月号	14	2001_11_313.pdf
低電圧・大電流出力の最新DC-DCコンバータの研究	トランジスタ技術 2002年2月号	10	2002_02_192.pdf
出力+3.3V/3Aのステップ・ダウン・コンバータの製作	トランジスタ技術 2002年2月号	12	2002_02_204.pdf
アナログ回路用DC-DCコンバータの評価	トランジスタ技術 2002年11月号	12	2002_11_255.pdf
凹凸の電源パターンでノイズ発生	トランジスタ技術 2006年3月号	2	2006_03_276.pdf
私はグラウンド・リターン電流を見た！	トランジスタ技術 2007年1月号	2	2007_01_274.pdf
スイッチング・レギュレータのノイズが逆流！	トランジスタ技術 2007年2月号	2	2007_02_266.pdf
降圧型コンバータIC BD9778Fのノイズ対策と拡張法	トランジスタ技術 2008年12月号	6	2008_12_173.pdf
DDSのデメリットと改善方法	トランジスタ技術 2008年12月号	7	2008_12_186.pdf
うちのハード・ディスク装置がノイズ源に？！	トランジスタ技術 2010年8月号	2	2010_08_220.pdf
EMC問題のケース・スタディ	Design Wave Magazine 2001年12月号	10	dw2001_12_126.pdf
ノイズを抑える設計テクニック&ノウハウ18連発！	Design Wave Magazine 2007年9月号	8	dw2007_09_056.pdf
EMC対策・設計事例集	Design Wave Magazine 2007年9月号	14	dw2007_09_082.pdf
波形で見るコモン・モード・チョーク・コイルの効果	Design Wave Magazine 2009年1月号	5	dw2009_01_082.pdf

EMC問題のケース・スタディ

(Design Wave Magazine 2001年12月号)

10ページ

　テラビット・ルータのトラブル・シューティング事例です．第1世代と同じ設計で進めたはずの第2世代の機器において，FCC規制値をクリアできない問題の解決のために，電磁界シミュレータを適用しています(**図1**)．

　基礎事項として，電磁波放射のメカニズムや，ディジタル回路基板からの放射ノイズ，線路の損失，放熱問題などの解説もあります．

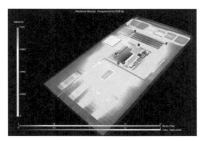

図1　モジュール近傍の電磁界や導体面の電流分布

シリアル・インターフェースのノイズ・トラブル対策事例

(トランジスタ技術 2001年11月号)

14ページ

　EIA-232インターフェース・ケーブル接続時の誤動作と，EIA-422/485インターフェースの監視装置の静電による誤動作事例です．

　インターフェース・ケーブルからの放射ノイズ対策についても解説しています(**写真1**)．

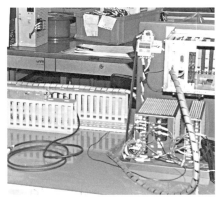

写真1　ケーブルにスパイラル・シールドを取り付け

連載 失敗は成功の母

(トランジスタ技術 2006年3月号～2010年8月号)

全8ページ

　機器開発の現場で実際に起こったトラブルの原因と解決法を紹介する連載です．トラブルは起こってほしくありませんが，それを解決する過程では多くのことを学べます．

　ノイズ問題としては，以下のような記事がありました．

- 凹凸の電源パターンでノイズ発生
  (2006年3月号，2ページ)
- 私はグラウンド・リターン電流を見た！
  (2007年1月号，2ページ)
- スイッチング・レギュレータのノイズが逆流！
  (2007年2月号，2ページ)
- うちのハード・ディスク装置がノイズ源に?!
  (2010年8月号，2ページ)

EMC対策・設計事例集

(Design Wave Magazine 2007年9月号)

14ページ

　EMC設計のあるべき姿を解説した特集の一部です．EMC対策・設計事例として，以下のテーマについて解説しています．

①シールド線とツイスト・ペア線のシールド効果
②リターン電流を管理するグラウンド・スリット
③攻守は信号の進入防止
④ヒート・シンクのグラウンドへの接続
⑤ケーブルからの放射ノイズ対策(**写真2**)
⑥ICの電源ラインから放射されるノイズの対策

写真2　サーチ・プローブによる調査

アナログ・ディジタル混在回路のノイズ対策

（トランジスタ技術 2001年10月号） 14ページ

テレビのBSディジタル放送の受信部におけるノイズ対策事例です（**写真3**）．テレビは，感度の高いアナログ部と，高速に動作するディジタル部が同居したシステムです．基本はBSディジタル受信部への対策になります．

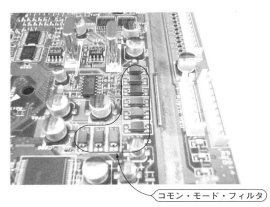

写真3　基板上のコモン・モード・フィルタ

USB & IEEE 1394 I/Fケーブルのノイズ対策

（トランジスタ技術 2001年10月号） 8ページ

USB 2.0インターフェースとIEEE 1394インターフェースにおける放射ノイズの対策事例です．高速にデータ伝送を行いつつ，ケーブルからの放射ノイズを抑える方法を解説しています（**図2**）．

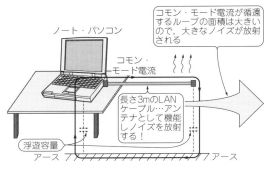

図2　ケーブルからの放射ノイズ

AC電源ラインのノイズ対策

（トランジスタ技術 2001年10月号） 6ページ

AC電源ラインに流出するノイズの評価法と，ノイズの低減方法を解説しています（**図3**）．欧州のノイズ規制規格CISPRに準じた方法を説明し，実験データを示しています．

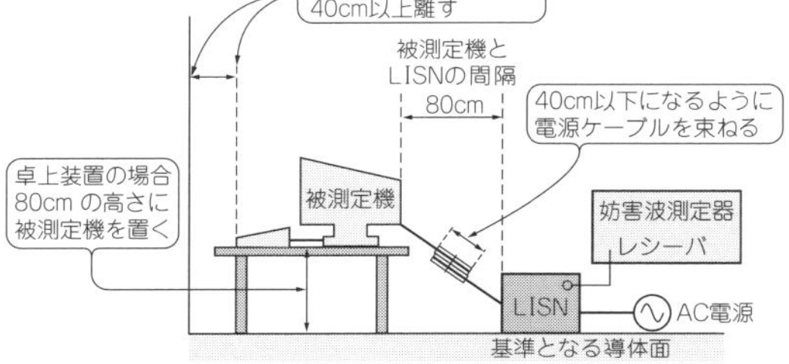

図3　CISPRが規定しているACラインの伝導ノイズの測定法

高速ディジタル・インターフェースのノイズ対策

（トランジスタ技術 2001年10月号） 7ページ

液晶ディスプレイのインターフェース部におけるノイズ対策事例です（**図4**）．内部で高速なデータ通信が行われている機器のインターフェース部に共通なノイズ対策技術です．

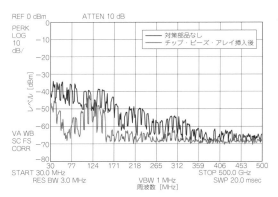

図4　RGB信号のノイズ対策前後の波形

降圧型コンバータIC BD9778Fのノイズ対策と拡張法

(トランジスタ技術 2008年12月号) 6ページ

　スイッチング・レギュレータの問題の一つにノイズの多さがあります．この記事では，リプル・ノイズやスパイク・ノイズの低減方法を解説しています(図5)．また，入力側のリプル・ノイズ対策についても説明してます．

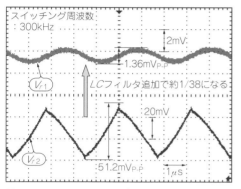

図5　LCフィルタによるリプル・ノイズの低減

DDSのデメリットと改善方法

(トランジスタ技術 2008年12月号) 7ページ

　DDS(Direct Digital Synthesizer)は，高い分解能で出力信号の周波数を設定できますが，出力周波数近傍でノイズが悪化する問題があります．この原因と解決法を解説しています(写真4)．

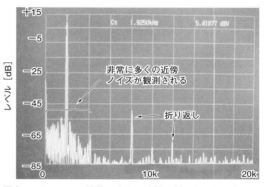

写真4　クロック周波数が出力周波数で割りきれないとノイズが増える

特集 最新オンボード電源活用法

(トランジスタ技術 2002年2月号) 全22ページ

- 低電圧・大電流出力の最新DC-DCコンバータの研究(10ページ)

　絶縁型DC-DCコンバータの設計事例において，EMC測定を行っています．また，ノイズやサージなどの高周波ノイズの視点で絶縁トランスを説明しています．

- 出力＋3.3V/3Aのステップ・ダウン・コンバータの製作(12ページ)

　MCMパワーICを用いたステップ・ダウン・コンバータの設計事例です(写真5)．スイッチング・ノイズ対策についての説明があります．

写真5
出力＋3.3V/3Aのステップ・ダウン・コンバータ

アナログ回路用 DC-DCコンバータの評価

(トランジスタ技術 2002年11月号) 12ページ

　アナログ回路用の電源は低ノイズであることが求められます．市販の7種類のDC-DCコンバータについて，入力/出力のリプルとノイズ，負荷変動などについて評価を行っています．測定結果については波形を示しています．評価に当たって，ノーマル・モード・ノイズ対策とコモン・モード・ノイズ対策を行っています(図6)．

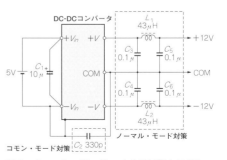

図6　ノーマル・モード・ノイズ対策とコモン・モード・ノイズ対策

- ●本書記載の社名，製品名について ── 本書に記載されている社名および製品名は，一般に開発メーカーの登録商標または商標です．なお，本文中では™，®，©の各表示を明記していません．
- ●本書掲載記事の利用についてのご注意 ── 本書掲載記事は著作権法により保護され，また産業財産権が確立されている場合があります．したがって，記事として掲載された技術情報をもとに製品化をするには，著作権者および産業財産権者の許可が必要です．また，掲載された技術情報を利用することにより発生した損害などに関して，CQ出版社および著作権者ならびに産業財産権者は責任を負いかねますのでご了承ください．
- ●本書付属のCD-ROMについてのご注意 ── 本書付属のCD-ROMに収録したプログラムやデータなどは著作権法により保護されています．したがって，特別の表記がない限り，本書付属のCD-ROMの貸与または改変，個人で使用する場合を除いて複写複製（コピー）はできません．また，本書付属のCD-ROMに収録したプログラムやデータなどを利用することにより発生した損害などに関して，CQ出版社および著作権者は責任を負いかねますのでご了承ください．
- ●本書に関するご質問について ── 文章，数式などの記述上の不明点についてのご質問は，必ず往復はがきか返信用封筒を同封した封書でお願いいたします．勝手ながら，電話でのお問い合わせには応じかねます．ご質問は著者に回送し直接回答していただきますので，多少時間がかかります．また，本書の記載範囲を越えるご質問には応じられませんので，ご了承ください．
- ●本書の複製等について ── 本書のコピー，スキャン，デジタル化等の無断複製は著作権法上での例外を除き禁じられています．本書を代行業者等の第三者に依頼してスキャンやデジタル化することは，たとえ個人や家庭内の利用でも認められておりません．

JCOPY 〈出版者著作権管理機構委託出版物〉
本書の全部または一部を無断で複写複製（コピー）することは，著作権法上での例外を除き，禁じられています．本書からの複製を希望される場合は，出版者著作権管理機構（TEL：03-5244-5088）にご連絡ください．

CD-ROM付き

本書に付属のCD-ROMは，図書館およびそれに準ずる施設において，館外へ貸し出すことはできません．

プリント基板設計＆ノイズ対策記事全集 [2000頁収録CD-ROM付き]

編 集	トランジスタ技術編集部
発行人	小澤 拓治
発行所	CQ出版株式会社
	〒112-8619 東京都文京区千石4-29-14
電 話	編集 03-5395-2123
	販売 03-5395-2141

2015年 3月 1日 初版発行
2020年10月 1日 第3版発行

©CQ出版株式会社 2015
（無断転載を禁じます）

定価は裏表紙に表示してあります
乱丁，落丁本はお取り替えします

編集担当者　西野 直樹
DTP　三晃印刷株式会社／三共グラフィック株式会社
印刷・製本　三共グラフィック株式会社
表紙・扉・目次デザイン　近藤企画　近藤 久博
Printed in Japan

ISBN978-4-7898-4564-9